青少年探索文库
QingShaoNianTanSuoWenKu

U0805070

简单道理简单话

王 磊 编

吉林人民出版社

图书在版编目（CIP）数据

简单道理简单话 / 王磊编. — 长春 : 吉林人民出版社, 2010.10（2021.3重印）
（青少年探索文库）
ISBN 978-7-206-07066-2

Ⅰ. ①简… Ⅱ. ①王… Ⅲ. ①人生哲学–青少年读物 Ⅳ. ①B821-49

中国版本图书馆CIP数据核字(2010)第192090号

简单道理简单话

编　　者：王　磊
责任编辑：郝晨宇
吉林人民出版社出版（长春市人民大街 7548 号　邮政编码：130022）
印　刷：三河市燕春印务有限公司
开　本：700mm×970mm　　1/16
印　张：13　　　　字数：110 千字
标准书号：ISBN 978-7-206-07066-2
版　次：2010 年 10 月第 1 版　　印　次：2021 年 3 月第 2 次印刷
定　价：39.00 元

如发现印装质量问题，影响阅读，请与印刷厂联系调换。

目 录

勇　气

丹·米尔曼

“你认为我很有勇气?”她问道。

“没错，你很有勇气。”

“如果我有几分勇气，那也是因为经过几位良师的启蒙，我可以举一位给你听听。多年前，我曾在史丹福医院担任义工，那时认识了一个叫丽莎的小女孩。她身患重疾，病情十分罕见，惟一能挽回她性命的机会，便是接受5岁幼弟的输血，因为她弟弟也曾罹患此病，后来奇迹般地被救活，现在体内发展出了能对抗病毒的抗体。医生向这个小男生解释了情况，问他是否愿意输血给姐姐。我见他只迟疑了半秒钟，便深深地吸口气说：‘如果能救活丽莎，我愿意。’

“进行输血时，他静静躺在姐姐身旁，见到姐姐双颊恢复红润，他不禁面露微笑。但接着他收起了笑容，脸色苍白地望

着医生，用颤抖的声音问道：‘我会马上死掉吗？’

“原来他年纪太小，误解了医生的意思，以为要将全身的血都输给姐姐。”

“是的，我学到了什么叫勇气，”她补充道：“因为我见到了一个榜样。”

多一句赞美

◎ 雅特·鲍奇华

几天前，我和一位朋友在纽约搭计程车，下车时，朋友对司机说：“谢谢，搭你的车十分舒适。”这司机听了愣了一愣，然后说：“你是混黑道的吗？”

“不，司机先生，我不是在寻你开心，我很佩服你在交通混乱时还能沉住气。”

“是呀！”司机说完，便驾车离开了。

“你为什么会这么说？”我不解地问。

“我想让纽约多点人情味，”他答道，“唯有这样，这城市才有救。”

“靠你一个人的力量怎能办得到？”

“我只是起带头作用。我相信一句小小的赞美能让那位司机整日心情愉快，如果他今天载了20位乘客，他就会对这20

位乘客态度和善，而这些乘客受了司机的感染，也会对周遭的人和颜悦色。这样算来，我的好意可间接传达给 1000 多人，不错吧？”

“但你怎能寄望计程车司机会照你的想法做呢？”

“我并没有寄望他，”朋友回答：“我知道这种作法是可遇不可求，所以我尽量多对人和气，多赞美他人，即使一天的成功率只有 30%，但仍可连带影响到 3000 人之多。”

“我承认这套理论很中听，但能有几分实际效果呢？”

“就算没效果我也毫无损失呀！开口称赞那司机花不了我几秒钟，他也不会少收几块小费。如果那人无动于衷，那也无妨，明天我还可以去称赞另一个计程车司机呀！”

“我看你脑袋有点天真病了。”

“从这就可看出你越来越冷漠了。我曾调查过邮局的员工，他们最感沮丧的除了薪水微薄外，另外就是欠缺别人对他们工作的肯定。”

“但他们的服务真的很差劲呀！”

“那是因为他们觉得没人在意他们的服务品质。我们为何不多给他们一些鼓励呢？”

我们边走边聊，途经一个建筑工地，有 5 个工人正在一旁吃午餐。我朋友停下了脚步，“这栋大楼盖得真好，你们的工作一定很危险辛苦吧？”那群工人带着狐疑的眼光望着我朋友。

“工程何时完工？”我朋友继续问道。

“6 月。”一个工人低应了一声。

“这么出色的成绩，你们一定很引以为荣。”

离开工地后，我对他说：“你这种人也可以列入濒临绝种动物了。”

“这些人也许会因我这一句话而更起劲地工作，这对所有的人何尝不是一件好事呢？”

“但光靠你一个人有什么用呢？你不过是一个小民吧。”

“我常告诉自己千万不能泄气，让这个社会更有情原本就不是简单的事，我能影响一个就一个，能两个就两个……”

“刚才走过的女子姿色平庸，你还对她微笑？”我插嘴问道。

“是呀！我知道，”他答道，“如果她是个老师，我想今天上她课的人一定如沐春风。”

艾美的故事

马克·汉森

经过一夜疲惫的飞行，我终于从华盛顿特区来到丹佛的梅尔海教堂，准备主礼三场崇拜，并主持一项探讨成功意识的研讨会。当我进入教堂时，佛特医生便开口问我：“你知道许愿基金会吗？”“知道。”我答道。

“有个叫艾美·葛汉的女孩得了白血症，病情已到了末期，大概只剩三天寿命，她临终前的愿望是能参加你的礼拜。”

听了之后我心中百感交集，除了受宠若惊外，还有些许佩服以及一丝怀疑。我一直相信一个来日不多的孩子最想做的应该是去迪斯尼乐园，或是和席维斯·史泰龙、“怪头”或阿诺史瓦辛格等银幕英雄会面。为何这个女孩会想在生命结束的前几天，聆听有关心灵治疗的讲道呢？突然间我的思绪被打断……。

“这位是艾美，”佛特医生将她瘦弱的手放在我手上。在我面前的是一个 17 岁的少女，身穿大红色的洋装，头上戴着橘红色的头巾，头发因为接受化学治疗已全部掉落了。她拖着瘦弱弯曲的身子向前对我说：“我最大的两个愿望是完成高中学业，以及听你的讲道。医生都说我没体力达到这两项目标。我目前在家休养……这是我的父母。”

这番话听得我感动万分，情绪激动不已，不知不觉眼角已经湿了。我清了清喉咙，微笑着对他们说：“欢迎三位今天下午参加研习会，谢谢你们的捧场。”说完后，我们相互拥抱，仿似多年好友。

我曾在美加纽澳及马来西亚等地参加过多次的治疗研习会，观摩各家治疗大师的方法，然后加以思考研究，以了解何种方法有效，以及为何有效。

周日下午举行的研习会，艾美一家人都出席了。1000 多名听众将会场挤得满满的。每个人都满怀热忱，希望能从中学习成长，发挥做人的价值。

我首先问听众，是否想要学习一个一辈子受用的治疗方法，结果台下每个人都高举双手，一致表示愿意学习。

我教导听众，努力摩擦双手，接着将两人分成一组，彼此保持两寸的距离，然后感受由对方手掌中所传出的治疗力量。我说：“如果你需要治疗，现在就是最好的时刻。”

在体验到这股神奇力量后，全场听众都啧啧称奇，雀跃不已。我解释道："其实每个人体内都有潜在的治疗力量，而平均100人中还会有5位有特强的能力，能够独力助人。"我接着表示："今早我认识了一位17岁的女孩，艾美·葛汉，她此生最后一个愿望就是来参加这场研习会。我想请她上来，让她感受大家所传送出的治疗力量，这对她的病情也许有帮助。她并没有提出这项要求，但我觉得这是我们该帮的忙。"

这时台下响起了听众热情的回应："我们愿意。"

艾美的父亲将她带到台上。由于长期接受化学治疗，加上卧床多时，缺乏运动，艾美看来一副苍白虚弱的样子（在研习会前两周，医生甚至不允许她下床走路。）

热心的听众努力摩擦双掌，将能量传送给艾美。整个过程结束后，众人齐声欢呼，场面十分感人。

两星期后，我接到艾美的电话，她说病情大有起色，现已出院。两年后，她打电话告诉我，她已嫁作人妇。

这事让我了解到，千万不要低估我们所拥有的治疗能量，只要我们记得运用，就能发挥最大的疗效。

最后的心愿

杰克·坎菲尔　马克·汉森

26 岁的母亲凝视着她那罹患血友病而垂死的儿子。虽然她内心充满了悲伤，但同时她也下定决心，就像其他为人父母者，她希望儿子能长大成人，能实现所有的梦想。如今这一切都不可能了，因为病魔会一直缠绕着他。即使如此，她仍希望儿子的梦想能够实现。

她握着儿子的手问道："巴柏西，你曾想过长大后要做什么吗？你对自己的一生，有过什么梦想吗？"

"妈咪，我一直希望长大后能成为消防队员。"

母亲强忍悲伤，微笑着说："我来想想看能不能让你的愿望成真。"当天稍晚，她到亚历桑纳州凤凰城当地的消防队，找到了消防队员鲍伯，他有一颗宽大的心。这位母亲向他解释儿子 I 临终的心愿，并请问是否能让他坐上消防车在街角转几圈。

鲍伯说："不只这样呢，我们还可以做得更好。如果你在星期三早上7点把你儿子带到这里来，我们会让他当一整天的荣誉消防队员。他可以到消防队来，和我们一起吃饭，一起出勤。对了，如果你把他的尺寸给我，我们还可以帮他订做一套真正的消防制服，附加一顶真的防火帽，不是玩具帽，上面还有凤凰城消防队的徽章，印着我们穿的黄色防水衣和橡胶靴。这些东西都是在凤凰城这里制造，所以可以很快拿到。"

3天后，消防队员鲍伯带着巴柏西，帮他穿上消防制服，护送他从医院的病床到消防车上。巴柏西必须端坐在车子后面，帮忙引领回到消防队。他仿佛置身于天堂。

当天凤凰城有3起火警，巴柏西每次都得出勤务。他乘坐不同的消防车，还有救护车，甚至消防队长的座车。他还为当地的新闻节目拍录影带。

由于美梦成真以及加注在他身上所有的爱和关怀，令巴柏西深深感动，他比医生所预期的多活了3个月。

一天晚上，他所有的生命迹象开始急遽下降，护士长急忙打电话通知家属到医院。然后她想起巴柏西曾担任过消防队员，因此她也打电话给消防队长，问他是否能派一位穿制服的消防队员到医院来，在巴柏西临终前陪伴他。队长回答道："我们可以做得更好。5分钟之内就到。你能帮个忙吗？当你听见警笛响、看到警灯闪时，请通知医院，这不是真正的火警，这只是消防队来见他们好伙伴的最后一面。请你打开他房间的窗户，谢谢。”

大约 5 分钟后，一部消防车到达医院，把云梯延伸到巴柏西二楼窗前，有 14 位消防队员、2 位女消防队员爬上云梯进入巴柏西的房间。经过他母亲的同意，他们拥抱他、握他的手，告诉他他们有多爱他。

巴柏西咽下最后一口气前，看着消防队长说：“队长，我现在能算是真正的消防队员吗？”

“算！巴柏西。”队长说。

带着那些话，巴柏西微笑着闭上了眼睛。

小狗待售

丹·克拉克

一家宠物店老板在店门挂了张“小狗出售”的牌子。这种招牌通常很能吸引孩童的眼光；不久后，果真有一个小男孩走进店里询问：“要多少钱才能买到小狗？”

老板回答：“从30元到50元不等。”

小男孩伸手到口袋，但掏出的只有些零钱，他说：“我只有二块三毛七，我能看看小狗吗？”

老板微笑地点了点头，然后吹了一声口哨，这时从走道那端跑来一只狗妈妈，后面跟了5只毛绒绒的初生小狗；前面4只跑起来像是会滚动的球，但最后一只却是一跛一跛地往前走。小男孩一眼就看到这只不良于行的小狗，他问道：“这只小狗怎么啦？”

老板解释说，经过兽医检查，原来这只小狗后脚残缺，这辈子注定要当跛脚狗了。小男孩听了之后兴奋异常：“我就要买这只小狗。”

老板开口了：“这只狗不必买，你若真想要，送你就好了。”

然而这话却使得小男孩十分不悦，他双眼直视着老板，语气坚定地说：“我不要你送我，这只小狗和其他小狗一样值钱，我会付足价钱买下。我现在只能给你二块三毛七，但以后每个月我会给你五毛，直到把钱付清。”

老板摆了摆手：“你何必买这只小狗呢？它又不能像其他小狗一样陪你跳，陪你玩。”

这时小男孩弯下腰，拉起左边的裤管，露出严重扭曲畸形的左腿，他能站着全靠金属支架支撑。他抬头看着老板，轻声地说：“我自己也跑不快，这只小狗正好有个同病相怜的主人。”

纯金佛像

◘ 杰克·坎菲尔

1988年秋天，我和内人乔琪亚应邀到香港，在一项研讨自我肯定的会议上发表演说。由于这是我们首次造访远东地区，我们决定加长行程，到泰国一游。

抵达曼谷后，我们决定先参观市区内一些颇富盛名的庙宇，那天在翻译人员和司机的陪同下，我们看遍了大大小小的庙宇，脑中充满了金碧辉煌的印象。但不久之后，这些庙宇就从记忆中淡去。

然而，有一座叫做金佛寺的庙宇，却留给我无法抹灭的深刻印象。

这座庙宇占地不大，面积大约只有30尺见方。我们一进入庙内，眼前便赫然出现一座10尺半高，全身由黄金打造的实心佛像，重达2.5吨，价值约在1.96亿美元，当我抬头望着这尊慈祥中带有庄严的黄金佛像，心中不禁有股莫名的震撼。

当其他游客忙着拍照，或是望着佛像啧啧称奇时，我在旁边的玻璃展示柜中看到一片 8 寸厚，20 寸宽的土块，根据一旁的文字说明，才知道这片土块背后有一段感人的历史。

1957 年，由于泰国政府决定在曼谷市内兴建高速公路，位于路段上的某间寺庙因此被迫迁移，寺内的和尚只得将庙中的土造佛像放置到其他地点，但这座佛像体积庞大，重量惊人，所以在搬运的过程中开始出现了裂缝，更糟的是，此时又下起滂沱大雨，寺内的老和尚为了不让神圣的佛像再受到损害，便决定先将佛像放回原地，然后用大型的帆布覆盖，以免遭受雨水的侵袭。

那天傍晚，老和尚拿着手电筒，掀开帆布检查，看看佛像有没有被雨水淋湿，灯光照到裂缝处时，他发现那里反射回一道怪异的光芒，老和尚趋前仔细检查后，怀疑这层土块下藏有别的东西。他回庙中取来了凿子和锄头，小心翼翼地开始敲打佛像表面。当他敲掉第一片土块时，惊异地发现金光闪闪的物体。老和尚加快了动作，但也费了好几个小时的苦功，才让这座纯金打造的佛像重见天日。

根据历史学家的说法，几百年前，缅甸军队曾出兵攻打当时称为暹罗的泰国，当时的暹罗和尚知道敌军即将来袭后，便在珍贵的黄金佛像表面上覆盖泥土，以免当时宝物被缅甸军队掠夺，据说这些和尚后来全被入侵者杀害，然而庆幸的是，这座价值连城的佛像被完整地保存下来，直到 1957 年后才被后人再次发掘。

飞回美国的途中，我脑中不禁有个想法：“其实我们都像那座泥佛像，由于恐惧，而裹上一层厚厚的壳，然而每人底下却是个‘金菩萨’或‘金基督’、‘金本质’，那才是真的自我。从小开始，我们就学会了将内心中那个如黄金般纯真的自我隐藏起来，现在我们该做的便是像老和尚一样，拿把凿子和鎯头，敲掉层层的防卫，重新展现纯真的本质。”

老师的手

◎佚　名

感恩节那天，报纸刊登了一则故事：有位小学一年级的老师叫班上小朋友画出他们感恩的东西。这些小孩多半来自贫苦家庭，所以她料想他们多半会画桌丰富的感恩节佳肴，外加一只香喷喷的火鸡。但看到道格拉斯的作品后，她惊讶不已，上面画了一只手！

这是谁的手？班上的小朋友都兴致勃勃地开始臆测，“这一定是赐给我们食物的上帝的手。”一个小孩说道。“是农夫，他用这手养出大鸡。”另一个小孩也有意见。在一阵猜测后，小朋友们又跑回座位继续画画。这时老师走到道格拉斯身旁，弯下腰问他那是谁的手。“那是你的手，老师。”他怯怯地回答。道格拉斯个头矮小，样子也不讨人喜欢，但老师在下课时总会过去牵牵他的手。她常这样握孩童的手，但对道格拉斯而言，意义格外重大。也许过感恩节的真义并不在于收受他人给予我们的有形物质，而是借此机会回馈他人，无论是如何微小的付出。

我做得到

◎ 蜜雪儿·柏芭

洛克·里昂兹是纽约空军喷射机防卫队队员马丁·里昂兹的儿子。洛克5岁时，有天和母亲开着小货车行经阿拉巴马的乡间小道上。他悠闲地睡在前座，脚则舒服地放在母亲凯莉的大腿上。凯莉小心地将小货车从两线的乡村小路面转向狭窄的小桥。没想到路上有个坑洞，使整辆车滑出路面，向路边冲出，右前轮也因此凹陷。由于害怕整个车子翻覆，凯莉赶紧用力踩油门，把方向盘转向左边，试图把车子拉回路上。但是事与愿违，洛克的脚被卡在凯莉的腿及方向盘中。因此车子失去了控制。

小货车跌跌撞撞掉到20尺下的峡谷中。一直到车子掉入谷底，洛克才醒了过来：“妈咪，发生什么事了？车子怎么四脚朝天？”

凯莉满脸是血，不辨东西。车子的变速杆插进了她的脸，从额头到嘴唇被撕裂。牙龈残破，脸颊损毁，肩膀也被压碎。一段粉碎的骨头竟从她的腋下穿出。整个人则被支离破碎的车门压得动弹不得。

而洛克则奇迹式的毫发未伤，他嚷着："妈咪，我会带你出去。"他从凯莉的下面爬了出来，经由车窗离开了小货车，并尝试着将母亲拉出车子，但凯莉一动也不动。凯莉在昏昏沉沉中只是哀求："让我睡一下吧!"洛克则大声喊叫："妈咪，你要支持住，千万别睡着啊!"

洛克又钻进了小货车，并将凯莉推出车子的残骸。又告诉凯莉，他将爬到马路上去拦车子求救。由于害怕在黑暗中，没有人会看到这么小的男孩，凯莉拒绝让洛克单独前往。母子两人只好慢慢地爬上堤防，洛克用瘦小的身躯将是他二倍半重的母亲往上推。就这样一寸一寸有如蜗牛爬行。凯莉感到如此疼痛，几乎要放弃希望，但洛克始终鼓舞着她。

为了鼓励凯莉，洛克告诉妈妈想想《小火车》的故事。其实这是个典型的童话故事，叙述小火车虽然只有小小引擎，却能爬上陡峭的山头。为了提醒凯莉振作起来，洛克则重复故事中提到的"我相信你能做到，我相信你能……"。

仿佛过了一世纪，他们终于爬到了路边，洛克才有亮光看清母亲受重创的脸。他开始泪流满面，挥舞着双手，对着驶过的货车呼喊："停下来，请停下来!"向司机恳求："请带我妈咪到医院。”

总共花了 8 个小时，缝了 344 针来整合凯莉的脸，虽然她如今看起来和以往大不相同；过去她有笔直的鼻子，薄薄的嘴唇以及高高的颚骨，现在则是扁鼻、阔嘴、塌颊。但脸上留下很少疤痕，而且已经痊愈。

洛克的英勇事迹成了大新闻。但这个有胆识的小男孩，却很谦虚地认为自己没有做什么事。他说：“这一切都在意料之外，我只是做了该做的事，任何人在当时都会那样做的。”凯莉则感动地说：“如果不是洛克，我可能早就因流血过多而死了。”

安息吧，“我不能”先生

◎ 其克·默门

唐娜所带的小学四年级和我以往所看过的差不多。教室里，学生坐了5排，每排有6个位子。而老师的桌子则放在教室的最前面，面对着学生。公布栏上贴着学生的作业。大体看起来，是个典型的小学生教室。但我第一次走进时，总觉得有些不寻常，仿佛有件神秘的事要发生。

唐娜是密西根小学的资深老师，再有两年便要退休了。她志愿参加我所组织策划的全市教职员在职训练。这个训练主要是借着一些表达的方式来鼓励学生，对自己有信心，进而爱惜自己的生命。唐娜的工作则是借着参与训练进而将这些理念实现。至于我所要做的则是去访查并鼓励这些活动。

我在班级后面的一个空位子坐下来。每个学生都乖乖坐在位子上，绞尽脑汁在纸上写着。有个小朋友偷偷告诉我，她要在纸上填写所有她自认"做不到"的事情；

她的纸上写着："我无法将足球踢过第二条底线。""我不会做三位数以上的除法。""我没办法让黛比喜欢我。"她非常认真地填写，即使已写了半张纸，她仍旧没有停下来的意思。

我沿着各排巡视每个学生，每个人都在纸上写下他们所不能做的事。诸如：

"我没法做 10 次的仰卧起坐。"

"我发球无法超过前边的球网。"

"我不能只吃一块饼干就停止。"

此时，整个活动引起我的好奇心，所以我决定去看看唐娜在做些什么。我接近她的时候，发现她也忙着填写。我想还是不要打扰她的好。

"我无法让约翰的母亲来参加母姊会。"

"我无法不用体罚好好管教亚伦。"

在我心里是反对学生和老师如此专注于消极的一面，而不去看积极的那一面，诸如："我能做"这一类的。但我仍回到后面的位子，坐下来继续观察。学生大约又写了 10 分钟。大部分填满了一整张纸。甚至有人开始了下页。

唐娜告诉学生，完成现在在写的这一张。并指示学生将纸对折，交到前面来。学生依序来到老师的桌子前，把纸张投入一个空的鞋盒内。

把所有学生的纸张收齐之后，唐娜把自己的也投进去。她把盒子盖上，塞在腋下，带头走出教室，沿着走廊走。学生跟着老师走了出去，而我则尾随其后。

走到一半，整个行列停了下来。唐娜进入守卫室，找寻铁铲、铁锹。她一手拿着盒子，另一边拿着铁锹，带领大家到运动场最远的角落边。大家开始挖了起来。

原来，他们打算埋葬“我不能”。整个挖掘过程历时10分钟，因为每个孩子要轮流挖。直到洞有3尺深的时候，他们将盒子放好，立刻用泥土把盒子完全埋葬。

31个十几岁的小孩，围绕着这刚埋好的“墓地”，里面埋着所有每一个“力不能胜”的事情，这些深深地埋藏在3尺的泥土下。

此时唐娜开口了：“小朋友，现在手牵手，低头默哀。”学生很快地牵手围绕墓地成了一个圆圈，低下头来等待。唐娜则念出一段颂词。

“各位朋友，今天很荣幸能邀请各位来参加‘我不能’先生的葬礼。他在世的时候，参与我们的生命，甚至比任何人影响我们还深。他的名字，我们几乎天天挂在嘴边，出现在各种场合：如学校、市政府、议会、甚至白宫。

“现在，希望‘我不能’先生能平静安息，并为他立下墓碑，上面刻着墓志铭。死者已矣、来者可追，希望您的兄弟姊妹：‘我可以’、‘我愿意’能继承您的事业。虽然他们不如您来得有名、有影响力。如果您地下有知，请帮助他们，让他们对世界更有影响力。

“愿‘我不能’先生安息，也希望他的死能鼓励更多人站起来，向前迈进。阿门!”

听完这段颂词之后，我想孩子们是永远不会忘记这一天的。这个活动是这样具有象征性，这样意义深远。这个特别的正面鼓励将深刻在每个孩子的心版上。

写上“我不能”，埋葬它、聆听颂词。老师完成了大部分的活动，但现在还没结束。她带领学生回到教室。

大家一齐吃饼干、爆米花、果汁，庆祝他们越过了“我不能”的心结。唐娜则用纸剪下墓碑形状，上面写着“我不能”，中间加上“安息吧!”再把日期填上。

这个纸墓碑挂在唐娜的教室里。每当有学生无意说出:“我不能……”这句话的时候，唐娜只要指着这个象征死亡的标志。孩子介了更会想起“我不能”已经死了，进而想出积极的解决方法。

我不是唐娜的学生，事实上她是我教出来的学生。但从这次的活动，我从她身上学到一个永久不变的功课。

直到如今，只要我听到有人说:“我不能……”我的脑中立刻浮现出那个葬礼的情景。和小朋友们一样，我会记起“我不能先生”已经死了。

要求，要求，再要求

◎ 杰克·坎菲尔　马克·韩森

如果你说当今世界最伟大的女推销员是个黄毛丫头，她也不会介意。因为玛奇塔自 7 岁起，便以卖女童军饼干赚进了 8 万多美金。

玛奇塔 13 岁那年发现了推销的秘诀后，便在放学后挨家挨户推销饼干。原本害羞得要命的玛奇塔，后来竟变成卖饼干的高手。

这一切都起始于愿望——火红炙热的愿望。

对玛奇塔和她的母亲而言，她们的梦想就是能环游世界。玛奇塔的父亲在她 8 岁时抛下了她们母女俩，之后，玛奇塔的母亲便在纽约当服务生糊口。有一天玛奇塔的母亲对她说："我要努力赚钱让你上大学，等你大学毕业后，你就可以赚足够的钱让我们去环游世界，好不好？"

因此 13 岁的玛奇塔从女童军杂志上获知，卖最多饼干的童子军可以带另一人免费环游世界，她就决定尽全力卖出女童军饼干，她要缔造史无前例的女童军饼干销售纪录！

但仅有欲望是不够的，为了使梦想实现，玛奇塔知道她必须有个计划。

玛奇塔的姑姑建议她："随时随地要服装合宜，穿上代表你专业精神的行头。做生意时，就要穿得像生意人。穿上女童军制服，在四点半或六点半去推销，尤其是在礼拜五晚上去公寓的住家推销时，你要请他们多订些饼干，并随时面带微笑，不管他们买不买，你都要彬彬有礼。不要求他们买你的饼干，而是请他们投资。"

或许有很多其他的童子军都想环游世界，或许他们也都有自己的计划，但只有玛奇塔每天放学后穿着她的制服，随时随地且锲而不舍地请人投资她的梦想。她会在门口对应门的人说："嗨！我有一个梦，借由推销饼干，我可以为我和我妈妈赢得免费的环球之旅，你要不要投资一打或两打饼干？"

玛奇塔那年卖了 3526 盒女童军饼干，并赢得了她的环球之旅。从那时候开始，她又卖掉了 42000 多盒的女童军饼干，她也在全国各地的推销大会上演说，并在一部描述她冒险历程的迪斯尼电影中演出。此外，她也是畅销书《如何卖出更多饼干》、《凯迪拉克》、《电脑》及《其他重要的事》的作者之一。

和其他数以千计心怀梦想的老老少少比起来，玛奇塔并不更聪明，也不见得更外向大方。差别在于玛奇塔发现了销售的秘诀，那就是要求、要求、再要求。许多人在尚未开始前就失败了，因为他们没有请求别人给他们想要的东西。不管我们推销的东西为何，我们总是在别人有机会拒绝之前，就因为害怕被拒绝而先否定了自己。

我们每个人都在推销，玛奇塔 14 岁时说道："我们每天都在推销自己，你在学校推销自己、我把自己推销给你的老板及新认识的人。我妈妈是个服务生，她推销每日特餐，想得到选票的市长和总统也是在推销……萧屏是我最喜欢的老师之一，她把地理课教得很有趣，这的确是高明的推销……我举目所见尽是推销，推销是整个世界的一部分。"

要求别人给你你想要的东西是需要勇气的，勇气不仅是不害怕，而是尽管内心有恐惧，但仍去完成必须做的事情。正如玛奇塔所体会到的——你要求的次数愈多，你就越容易得到你要的东西，而且连带地也会得到更多乐趣。

有一次，在一个现场直播的电视节目里，制作人决定给玛奇塔一个最困难的考验，他要玛奇塔把女童军饼干推销给另一位参加此节目的来宾。玛奇塔问这位来宾："你要不要投资一打或是两打的女童军饼干？"

"女童军饼干？我从来不买什么女童军饼干！"这位来宾如此回答："我是联邦监狱的典狱长，每天晚上我要使 2000

名的强暴犯、抢劫犯、罪犯、欺诈犯及虐待儿童的犯人乖乖入睡。”

玛奇塔对这样的回答一点都不生气，反而很快地反驳道：“先生，如果你肯买一些饼干，或许你就不会如此小气、愤怒及恶毒。而且，先生，我觉得这是个不错的主意，你可以带一些饼干回去给每一个犯人。”

玛奇塔如此要求。

这个典狱长马上开了一张支票。

世界为你震动吗?

哈纳克·麦卡提

11 岁的安琪拉患了一种神经系统的疾病，患病使她日渐衰弱，无法走路，举手投足也诸多受限，医生对她是否能复原并不抱着太大的希望，他们预测她的余生都将在轮椅上度过。他们也表示，一旦得了这种病，就算有人能恢复正常，也可说是凤毛麟角。但这个小女孩并不畏惧，她躺在医院病床上，向任何一个愿意倾听的人发誓，有一天她绝对会站起来走路。

她被转诊到一所位于旧金山湾区的复健专科医院，所有适用于她的治疗法都用了，治疗师深为她不屈的意志所折服，他们教她运用想象力，想象自己看到自己在走路。如果想象不能发挥其他效用，至少能给安琪拉希望，使她在缠绵病榻冗长的清醒时间里，能有些积极正面的想法。不论是物理治疗、复健池治疗、或是运动单元，安琪拉都竭尽全力配合，躺在床上时也老老实实地做想象的功课，想象看见自己能行动了，动了，真地能行动了！

有一天，她再度使尽全力想象自己的双腿又能行动时，似乎奇迹真地发生了！床动了！床开始在房间里到处移动！她大叫：“看看我！看啊！看啊！我动了！我可以动了！”

当然，医院里每一个人都尖叫起来，纷纷寻找遮蔽物。大家在尖叫，器材也掉下来，玻璃也碎裂了。这就是最近才发生的旧金山大地震，但请不要告诉安琪拉，她相信她真地做到了！而且现在，才不过几年的时间，她又回到学校上课了！用她的双脚站起来，不用拐杖，不用轮椅。你瞧，任何人只要能震动旧金山及奥克兰之间的土地，便能克服微不足道的小毛病，你说是不是？

瑞克·李特的追寻

◎佚 名

凌晨5点，瑞克·李特开车时睡着了，车飞过了个10尺宽的堤防，撞毁在一棵树上。接下来的6个月，他拖着受伤的背部生活，此时，瑞克有很多时间来仔细思考自己的生命，这是过去13年的教育没有教他的。出院两周后的某一天中午，他回家去，竟发现他母亲因为吃太多安眠药，半昏迷地躺在地板上。瑞克又再次体会到正规教育的不足，过去他并没学到如何处理生命中人际及情绪方面的问题。

接下来的几个月，瑞克开始酝酿出一个想法，那就是发展一套课程，以使学生获得更高的自我价值感，学会处理人我关系及应付冲突的技巧。当瑞克开始研究这样的课程应包含什么内容时，他刚好看到了一篇国家教育会所作的研究报告。在这个研究里，有100个30岁的受访者被问到，他们是否觉得高中教育有教给他们活在这世上所需的技能？超过 80%的人回答说：“绝对没有。”

这些 30 岁的受访者也被问到，他们现在希望过去能学到什么技能？最频繁的答案是处理人我关系的技巧—如何和居住在同一个屋檐下的人处得更好？如何找到工作而且不被炒鱿鱼。如何处理冲突？如何做一个好父母。如何了解一个孩子的正常发展状况，如何管理财务及如何以直觉获知生命的意义。

瑞克有一个构想，那就是开创出一套传授以上技能的课程，受到此构想的激励，瑞克遂中断大学的学业，以便到美国各地去访问中学生，搜集资料以便确立此课程内容，其间，他问来自 120 所中学的 2000 多名学生同样的两个问题：

1.如果你要为学校设计一种课程，以用来协助你因应目前或以后可能会遇到的问题时，这个课程应该包含那些内容？

2.列出 10 个你生活中的首要问题，而且你希望这些问题能在家中或学校里被处理得较妥当。

不管受访的学生是来自有钱的私立学校或市内的种族区；是来自乡下或郊区，令人惊讶的是他们的答案都如出一辙。孤单及不喜欢自己是名单上出现最频繁的问题。除此之外，他们希望学到的技能也和那些 30 岁受访者所列出的一样。

瑞克整整两个月都睡在车上，只靠 60 元过活，大部分的时间，他都吃饼干夹花生酱，有几天他甚至没东西果腹。瑞克所拥有的资源很少，但他对自己的梦想非常执着。

瑞克的下一步就是列出一张表，这张表登录了国内咨商界及心理界的顶尖教育家及领袖人物。他起程去拜访每个在名单上的人，向他们请教，顺便寻求支持。虽然这些人对瑞克直接去问学生他们想学什么的作法非常感动，但所能提供的帮助却微乎其微。“你太年轻了！回去念大学吧！把学位拿到，去念研究所，那你就可以走这条路了。”他们简直是在泼冷水。

但瑞克却坚持到底，当他快 20 岁时，他已卖掉了车子和衣服，而且向朋友借贷，负债达 3200 美元。有人建议他去找基金会筹钱。

首次和当地的一个基金会面洽便令瑞克大失所望，当他走进办公室的时候，瑞克害怕地发抖，这个基金会的副总裁是个体形魁梧、发色偏暗、面带峻色的男子。当瑞克掏心剖肺地讲述他的母亲、2000 个孩子及有关发展一套中学生新课程的计划时，这位副总裁整整半小时就坐在那里，不发一言。

当瑞克讲完之后，这位副总裁抽出了一摞档案。他说：“孩子，我在这里已经快 20 年了！我们为这些教育计划提供资金，每个都失败了！你的计划也会面临相同的命运，至于失败的原因为何？答案十分明显，你才 20 岁，你没有经验、没有钱，也没有大学文凭，什么都没有。”

瑞克离开基金会的办公室之后，他发誓一定要证明这位副总裁所说的话是错的。瑞克开始研究哪些基金会有兴趣为服务青少年的计划提供资金，然后他花了数月的时间，从早到晚撰写资金补助申请提案。瑞克整整花了一年多的时间不眠不休地写，每一份提案他都小心地针对每个机构的宗旨和要求撰写。瑞克抱着很高的期望寄出所有提案，但每份提案却都被退回了！

一封一封的提案被寄出去了，但也一封一封地被退回来。最后，当瑞克的第一百五十五封资金补助申请书也被拒绝时，所有支持瑞克的人都开始动摇了！瑞克的父母哀求他回去念大学；特别辞去工作帮瑞克写提案的老师——肯恩·格林也说："瑞克，我现在一毛钱也不剩了，而我还要养活老婆和孩子，我只能再等一份提案的结果，如果还是被打回，我就必须回塔乐多去教书了！"

瑞克还有最后一次机会，他在热望及信心的激励下，设法说通了几位秘书，才得以和家乐氏基金会的执行长罗斯·莫比博士一起吃午餐。路上，他们经过了一个卖冰淇淋的小摊子。莫比问瑞克说："要不要吃个冰淇淋？"瑞克点点头，但他实在太焦虑了，以至于把手上的冰淇淋筒压碎了，巧克力冰淇淋汁流满了他的指缝间。瑞克试着在莫比博士察觉此事之前，偷偷摸摸气急败坏地想甩掉手上的冰淇淋汁，但莫比博士还是看到了，他噗嗤一笑，走回小摊子替瑞克拿了一摞纸巾。

年轻的瑞克爬入车内，面红耳赤，可怜兮兮。连一个甜筒都拿不好，他怎么能请别人赞助他的新教育课程呢？

两周后，莫比打电话给他说："你要求 55000 元的赞助，但我们很抱歉，董事会的成员否决了你的要求。”瑞克觉得眼泪都快流出来了！两年来，他一直为一个梦想努力拼搏，到头来却是一场空。

“但是，”莫比接着说：“董事们却一致决议要赞助你13万元。”

瑞克掉下了眼泪，他激动得连一句谢谢你都说不出来。

从那时候起，瑞克·李特已为他的梦想募到了1亿美元。目前在32个国家及全美50州里的3万多所学校都有教授“逐梦技巧训练课程”。因为一位19岁青年的执着，每年有300万的学童得以学习到重要的生活技能。

1989年时，因为逐梦课程的惊人成就，瑞克·李特扩大了他的梦想，创立了国际青年基金会，而且得到6500万美元的赞助金，这是美国历史上第二大笔的赞助金。此基金会的目的就是要在全世界支持且扩编成功的青年课程。

瑞克·李特的生命证明了一件事，那就是只要能执着远大的理想，且有不达目的绝不终止的意愿，便能产生惊人的力量。

愿意付出代价

约翰·玛寇麦克

13年前，我和太太玛丽安在绿意广场经营美容院时，有一个越南人每天都会过来向我们兜售甜面圈。他几乎不会讲英文，但他总是很友善，经由相互微笑和手语，我们慢慢地认识彼此，他的名字是李勉夫（Le Van Vu）。

白天李在一家面包店工作，晚上他和太太就听录音带学英文，我后来才知道他们睡在面包店后面房间的木屑睡袋上。

在越南，勉夫的家可说是东南亚的首富之一，他们拥有北越近1/3的土地，包括工业及房地产的巨额股份。然而，当他父亲死于战乱后，李和母亲搬到南越，他在那里接受教育成为一个律师。

像他父亲一样，李后来也飞黄腾达了！他看见了一个机会，那就是建造住屋，以容纳南越愈来愈多的美国人，没多久，他就变成国内最成功的营造商之一。

然后，李后来被南越政府冤枉入狱，被监禁多年。

刑期届满后，李出狱开了家捕鱼公司，最后他又变成南越最大的罐头制造商。

当李知道美国军队及使馆人员即将从他的国家撤退后，他下了一个改变他一生的决定。

李把他贮藏的所有黄金拿出来装在他的一条渔船上，然后和太太把船开向泊在港口的美国大船，他用所有的财富和美军交换一个条件，那就是带他们离开越南并平安地到达菲律宾，在那里，他和太太被安置在一所难民营里。

经由特殊管道而得以见到菲律宾总统之后，李说服他把所拥有的其中一艘船改造成捕鱼船，李又再度重操旧业，两年后当他离开菲律宾前往美国（他最后的梦土）前，李已在菲律宾成功地发展了整个捕鱼工业。

但在前往美国的途中，李变得心神不定又忧郁，因为又必须空手从头再来一次，他太太提到她如何看见他走近船的栏杆，几乎就要跳下去了！

她对他说：“李，如果你跳下去，我要怎么办呢？我们已经在一起这么久了，也一起经历过这么多苦难，我们可以再同甘苦共患难。”这正是李勉夫所需要的鼓励。

当李和太太在公元 1972 年来到休士顿时，他们真是一贫如洗，一句英语也不会说。在越南，同家族的人会照顾自己家族的人，李和太太就在他堂弟面包店的后面房间安顿下来，他堂弟的面包店也在绿意广场里，距我们那时所开设的美容院也不过一两百尺远。

正如他们所说的，以下才是这故事真正发人深省的地方：

李的堂弟让李和他太太在面包店里工作，课税之后，李每周拿 175 美元回家，他太太则拿 125 元回家，换句话说，他们全部的年收入是 15600 美元。此外，只要他们存够了 3 万美元的头期款，他堂弟就愿意把面包店转让给他们，这位堂弟愿意用 9 万元的银行支票先支付余额。

以下就是李和他太太所做的：

尽管每周收入只有 300 元，他们夫妇决定继续住在后面的房间里，两年来他们都是在商业广场的厕所里擦澡以保持身体干净，所吃的食物也几乎都是面包店里卖的东西。两年来，他们每年的花费，没有错，就只有 600 元，其余的 3 万元就省下来作头期款。

李后来解释了他的如意算盘："如果我们住在公寓里，我们就必须付租金，当然我们一周 300 元的收入够缴房租，可是再来我们当然就要买家具，然后也要有上下班的交通工具，那意味着必须买一辆车，再来又得加油买保险，有了车，我们可能又会想去玩，也就是说又得治装打扮，所以我知道如果住到公寓里，我们就永远存不到 3 万元了！"

现在，如果你认为你已听完了所有有关李的故事，让我告诉你，好戏还在后头。当他和太太存够了这3万元，买下面包店之后，李再一次坐下来和太太恳谈，他说他们还欠堂弟9万元，尽管过去两年生活艰难，但他们还是要在那间房间里再住一年。

我要很骄傲地告诉你，我的良师益友李勉夫及他太太存下了面包店所有的盈余，仅在3年内就付清了9万元的借贷，从此完全独自拥有此项利润极丰的产业。

这时，也只有在这时，李氏夫妇才搬到他们的第一间公寓，至今，他们一直都有定期储蓄，只花他们收入的极小部分，当然在买任何东西时，他们都是付现金的。

你想李勉夫今日已是个百万富翁了吗？我很雀跃地告诉你——何止百万，已经超过好几倍了！

为梦想跨出第一步

◎ 薇吉尼亚·莎泰尔

前几年我因职务的关系，被派到南边一个城市，协助接受社会救济的居民。我希望能灌输他们自食其力的观念：只要愿意，任何人都可以自给自足。我请当地的相关单位安排十几位接受社会救济的居民，打算每星期跟他们进行3小时的咨商谈话，其中成员最好包括不同的种族和家庭背景。我同时申请了一笔小额款项当作工作经费。

初次见面，握手寒暄后，我劈头第一句便问他们："我想知道你们有什么梦想。"在座的每个人听了之后都露出一脸不解的神情。

"梦想？我们没有梦想。"

"难道你们在孩童时候没有立过任何志愿吗？"我好奇地问。

一个妇女开口回答："有梦想有什么用？老鼠总是跑进屋里，偷咬我的孩子。"

"这个问题的确伤脑筋，你是很担心老鼠来偷袭你的孩子，有什么办法能解决吗？"

"我想换个新纱门，我那个旧纱门上有洞。"

"在座有人会修纱门吗？"我代她发问。

坐在中间的一位男士自告奋勇地说："我以前修过东西，但我最近背痛得厉害，不太中用了。不过我会尽力试试。"

我问他能否到店里买些材料，帮这位太太把门修好，费用由我负担。"你能帮这个忙吗？"

"我尽量。"

第二周的聚会上，我问那位太太："你的纱门修好了吗？"

"喔，修好了。"

"那我们可以开始梦想了，是吗？"我又问道。她微笑地点点头。

我转向那位男士："那你觉得如何呢？"

"说来奇怪，我开始觉得精神比以前好很多。"他表示。

这虽不是什么惊天动地的成功事件，但多多少少也给这群人一些刺激，实现梦想并非遥不可及的事，只要跨出第一步，就能离目标越来越近。

我接着问其他人有什么梦想。一位妇女说她一直想做个秘书。"那为何不放手去做呢？"我问（这一向是我的第二个问题。)

“我有6个小孩，我若去上班，谁来照顾他们?”

“我们来想想办法，”我说：“有人能一星期帮她带一二天孩子，好让她能到学校接受秘书训练吗?”

另一位妇女热心地表示：“我自己也有小孩，不过我可以帮这个忙。”

经过一番安排后，这位妈妈终于能上学校接受训练。

后来每个人都谋得了职业，那位修纱门的男士找到一份技工的工作，而帮人照顾孩子的那位妇女则成为合格的保姆。12周内，参加辅导的人全都有事可做，不再需要领取社会救济。这并不是特例，这只是我成功的众多个案中的一个。

失败只是暂时的

◎ 杰克·坎菲尔

你若今日造访我在加州的办公室，你会注意到房间的另一边摆置着一片美丽的旧式西班牙花砖，以及红木制的小吧台，外加 9 把皮面的高脚椅，（过去药局里常用来贩卖冷饮的那种吧台）不寻常吧？这些皮椅若能说话，它们会告诉你，我也曾有过一段低潮沮丧的日子。

那时二次世界大战刚结束，景气十分低迷，工作机会难求。我丈夫鲍比原本向人借钱买了间小型的干洗店，收入还足够养活一家四口，以及应付汽车房屋等贷款。后来由于景气萧条，我们的经济一下子陷入了拮据的状态。

我想赚钱贴补家用，但我既没上过大学，也没有特殊才能，实在不知能做什么，这时我突然想到高中的英文老师，她鼓励我往新闻报道方面发展，并指派我担任校刊的编辑，我自付："我可以为本地小型的周报写些《购物指南》之类的专栏，来赚些稿费偿付贷款。"，当时我们把车卖了，更花不起钱请保姆，所以我把两个孩子放在一辆摇摇欲坠的婴儿车里，后面绑个大枕头，一路上，车轮不断倾斜下掉，我只好用鞋跟把轮子敲回去，再继续向前走。就在这走走停停的当儿，我更下定决心不让孩子像我以前一样挨饿受冻。

然而在说明来意后，报社的负责人对我摇摇头："抱歉，经济不景气。"情急之下我想出了个主意，如果让我刊登《购物指南》，我自己负责找广告商。负责人最后同意给我一个时间，但他劝我别抱太大希望，可能我推着那辆破婴儿车到处找广告商，找上一星期也不会有什么下文。但他们错了！

然而我的做法果然奏效，这份收入不但偿还贷款绰绰有余，同时还买下了鲍伯为我找到的一辆二手车。由于工作量增加，我请了位高中女孩来照顾小孩，时间是每天下午 3 点到 5 点，3 点一到，我便提起报纸，匆匆忙忙出门去会见客户。

但在某个阴雨的午后，我到客户店里收取广告文案时，却一一遭到拒绝。

"为什么？"我焦急地问。

原来他们发现瑞塞尔药局的老板卢宾·阿尔曼先生并没有在我的专栏上刊登广告，他的店是本地生意最好的。如果他不肯选择我的刊物，那表示我的广告效果大概不理想。

听完之后，我一颗心沉到了谷底，"我的房屋贷款全靠这

4个广告客户呀!”我咬了咬牙，决定再去找阿尔曼先生谈谈，他是个德高望众的好人，一定会给我个机会。其实以前我已拜访过他多次，他总是以“外出”或“没时间”等理由拒绝见我。如果他肯跟我合作，那么其他的药商也会跟进的。

我战战兢兢地走进阿尔曼先生的药局，见到他在柜台后面忙着。我脸上堆满笑容，手上拿着刊有《购物指南》的报纸，趋前向他表示来意：“您的意见一向很受重视，可否请您抽个空，看看我的作品，给我一点指教!”

他听了之后，嘴角立刻往下拉，坚决地摆着手说：“不必了。”看着他斩钉截铁的表情，我的心情像是瓶子摔到地上，碎了一地的玻璃片，不知如何收拾才好。

霎时，我像泄了气的皮球，连爬出店门的力气都没有。我在药局前面的红木小吧台前坐了下来，但我又不好意思白坐，于是我掏出身上最后的一枚硬币，买了杯可乐，茫然地思索下一步该怎么做，难道我的孩子会像我小时候一样总是居无定所吗？难道我真地没有写作天分？莫非我的高中老师看错我了？一想到这些，泪水突然涌上了我的眼眶。

就在此时，我身边传来了一个温柔的声音：“为什么事伤心呀？”我回头一看，一位满头白发的慈祥老妇人正对着我微笑，我将事情原委告诉了她，最后我叹了一口气说：“但阿尔曼先生二话不说就拒绝了我的要求。”

“让我看看那篇《购物指南》，”她接过我手上那份报纸，仔细阅读了一遍，看完后，她从椅子上站了起来，对着柜台那边，中气十足地喊了一声：“卢宾，过来一下！”她原来就是阿尔曼太太！

她要阿尔曼先生在我的专栏上刊登广告，他听了脸上立刻换上了笑容，接着阿尔曼太太跟我要了先前拒绝我的广告客户电话，然后一家一家打去交待，她告诉我只管去跟他们拿广告文案，其他的都不用担心，出门前，她给了我一个鼓励的拥抱。

阿尔曼夫妇后来不但成为我们忠实的广告客户，同时也是好朋友。我后来才知道，阿尔曼先生其实十分古道热肠，只要有人上门拉广告，他皆来者不拒。阿尔曼太太不希望他滥买广告，所以后来他才对谁都摇头。当时我如果消息灵通的话，就应该先找阿尔曼太太商量，小吧台旁的那番谈话改变了我后来的遭遇；我的广告事业越做越大，后来扩大到 4 家分公司，雇有员工 285 人，负责的广告案件多达 4000 件。

前一阵子阿尔曼先生装修店面，撤走了那个小吧台。我丈夫把吧台买来，摆在我的办公室里。每当有客人光临，我总爱请他们到小吧台旁坐坐，招待他们喝杯可乐，然后提醒他们千万别放弃，援手就在我们四周。

接着我会告诉他们，如果和别人沟通上困难，可以多去探听些消息，试着换一种方式，或是透过合适的第三者帮你转达想法。最后我会送上一句玛瑞亚饭店创始人比尔·玛瑞亚的金玉良言：

我永不遭遇过失败，

因我所碰到的都是暂时的挫折。

你一定行

杰克·坎菲尔　马克·汉森

如果在46岁的时候，你在一次很惨的机车意外事故被烧得不成人形，4年后又在一次坠机事故后腰部以下全部瘫痪，你会怎么办？再后来，你能想象自己变成百万富翁、受人爱戴的公共演说家、洋洋得意的新郎官及成功的企业家吗？你能想象自己去泛舟、玩跳伞、在政坛角逐一席之地吗？

米契尔全做到了，甚至有过之而无不及。在经历了两次可怕的意外事故后，他的脸因植皮而变成一块彩色板，手指没有了，双腿如此细小，无法行动，只能瘫痪在轮椅上。

那次机车意外事故，把他身上六成五以上的皮肤都烧坏了，为此他动了16次手术，手术后，他无法拿起叉子，无法拨电话，也无法一个人上厕所，但以前曾是海军陆战队员的米契尔从不认为他被打败了。他说：“我完全可以掌控我自己的人生之船，那是我的浮沉，我可以选择把目前的状况看成倒退或是一个起点。”6个月之后，他又能开飞机了！

米契尔为自己在科罗拉多州买了一幢维多利亚式的房子，另外也买了房地产，一架飞机及一家酒吧，后来他和两个朋友合资开了一家公司，专门生产以木材为燃料的炉子，这家公司后来变成佛蒙特州第二大的私人公司。

机车意外发生后4年，米契尔所开的飞机在起飞时又摔回跑道，把他胸部的十二条脊椎骨全压得粉碎，腰部以下永远瘫痪！“我不解的是为何这些事老是发生在我身上，我到底是造了什么孽？要遭到这样的报应？”

米契尔仍不屈不挠，日夜努力使自己能达到最高限度的独立自主，他被选为科罗拉多州孤峰顶镇的镇长，以保护小镇的美景及环境，使之不因矿产的开采而遭受破坏。米契尔后来也竞选国会议员，他用一句“不只是另一张小白脸”的口号，将自己难看的脸转化成一项有利的资产。

尽管刚开始面貌骇人、行动不便，米契尔却开始泛舟，他坠入爱河且完成终身大事，也拿到了公共行政硕士，并持续他的飞行活动、环保运动及公共演说。

米契尔屹立不摇的正面态度使他得以在《今天看我秀》及《早安美国》节目中露脸，同时《前进杂志》、《时代周刊》、《纽约时报》及其他出版品也都有米契尔的人物特写。

米契尔说：“我瘫痪之前可以做1万件事，现在我只能做

9000件，我可以把注意力放在我无法再做的1000件事上，或是把目光放在我还能做的9000件事上，告诉大家说我的人生曾遭受过两次重大的挫折，如果我能选择不把挫折拿来当成放弃努力的借口，那么，或许你们可以用一个新的角度，来看待一些一直让你们裹足不前的经历。你可以退一步，想开一点，然后你就有机会说：‘或许那也没什么大不了的！”’

记住：“重要的是你如何看待发生在你身上的事，而不是到底发生了什么事。”

人定胜天

伯特·杜宾

有一所位于偏远地区的小学校由于设备不足，每到冬季便要利用老式的烧煤锅炉来取暖。有个小男孩每天都提早来到学校，将锅炉打开，好让老师同学们一进教室就能享受到暖气。

但有天老师和同学们到达学校时，愕然发现有火舌从教室冒出。他们急忙将这个小男孩救出，但他的下半身遭到严重灼伤，整个人完全失去意识，只剩一口气在。

送到医院急救后，小男孩稍微恢复了知觉。他躺在病床上迷迷糊糊地听到医生对妈妈说："这孩子的下半身被火烧得太厉害了，能活下去的机会实在很渺小。"

但这勇敢的小男孩不愿这样就被死神带走，他下定决心要活下去。果然，出乎医生的意料，他熬过了最关键的一刻。但等到危险期过后，他又听到医生在跟妈妈窃窃私语："其实保住性命对这孩子而言不一定是好事，他的下半身遭到严重伤害，就算活下去，下半辈子也注定是个残废。”

这时小男孩心中又暗暗发誓，他不要做个残废，他一定要起身走路。但不幸的是他的下半身毫无行动能力。两条细弱的腿垂在那里，没有任何知觉。

出院之后，他妈妈每天为他按摩双脚，不曾间断，但仍是没有任何好转的迹象。虽然如此，他要走路的决心也不曾动摇。

平时他都以轮椅代步。有天天气十分晴朗，他妈妈推着他到院子里呼吸新鲜空气。他望着灿烂阳光照耀的草地，心中突然出现一个想法。他奋力将身体移开轮椅，然后拖着无力的双脚在草地上匍匐前进。

一步一步，他终于爬到篱笆墙边；接着他费尽全身力气，努力地扶着篱笆站了起来。抱着坚定的决心，他每天都扶着篱笆练习走路，走得篱笆墙边都出现了一条小路。他心中只有一个目标：努力锻炼双脚。

凭借着如钢铁般的意志，以及每日持续的按摩，他终于能靠着自己双脚站起来，然后走路，甚至能跑步。

他后来不但能走路上学，还能和同学们一起享受跑步的乐趣，到了大学时，他还被选入了田径队。

一个被火烧伤下半身的孩子，原本逃不过死神的召唤，原本一辈子都无法走路跑步，但凭着他坚强的意志，葛林·康宁汉博士，跑出了全世界最快的成绩。

再一次

◎ 哈诺·走卡锡

英国 19 世纪的某本小说曾描写过以下的一个场景：在某个威尔斯小镇，每年一到圣诞夜，镇上所有的居民便会聚集到教堂祷告。这项传统已经沿袭近 500 年了。午夜到来前，他们会点起蜡烛，唱着圣歌和赞美诗，然后沿着一条乡间小径，走到几里外的一栋破旧小石屋。他们接着在屋里摆起马槽，模仿当年耶稣诞生的情景，然后众人怀着虔诚的心情，跪下祝祷。他们和谐的歌声温暖了 12 月凛冽的寒风，只要是能走路的人，都不会错过这场神圣的典礼。

镇上的居民都相信，只要他们在圣诞夜满怀信心地祈祷，那么在午夜来临的那一刻，耶稣基督会在他们眼前复活。500 年来，他们世世代代到这小石屋里祈祷，但每一年他们都失望而归。

书中的主角被问道："你真地相信，耶稣基督会再次在我们镇上现身吗?"

他摇了摇头说："我不相信。"

"那你何必每年都去小石屋呢?"

"啊，"他笑着回答："万一耶稣真地复活，而我没亲眼目睹，那我不是会遗憾终身?"

也许这个主角的信心不那么坚定，但他毕竟仍抱着一丝希望，正如新约圣经上所说的，只要我们心中有像芥菜种般微小的信心，就有机会敲开天国之门。同样的，当我们面对调皮捣蛋的小孩，惹事生非的少年，酗酒闹事的亲人，性格乖张的同事，整日愁眉苦脸的朋友……，我们也必须像书中主角一样怀抱着那一点最后的信心。告诉自己："试一次，也许下一次情况就会有所改变。"

我们会接触到一些他人认为无可救药的人，也许我们会以先人为主的观念，判定他们不可能有任何改变或长进。如果我们能存着一丝希望，或许就能扭转乾坤，获得可观的成果，让值得被拉一把的人有再一次的机会。所以，我的朋友，请别放弃，再试一次吧!

多和成功者接触

◘ 鲍伯·查理兹

其实许多人都有潜力成为奥运金牌得主，只是他们未曾尝试过。在我赢得撑竿跳冠军的那年，我估计过至少有500万人能打败我。体力比我好、个头比我大、速度比我快的大有人在，只是他们从没试着拿起竿子，加快速度往前冲，然后用力一撑，翻过横杆。

所谓“三人行，必有我师焉”，有了内行人的指点，常能达事半功倍之效。我常参加各种商业座谈会，感觉受益匪浅，因为各行各业的精英会现身说法，传授他们的技巧和方法。我曾见过一位经验老道的推销员，向年轻人倾囊教授看家绝活，其实我在体育界也有相似的经验。

那年我一心想打破德屈·渥门丹的纪录，但成绩总是少他一英尺。后来我打电话向他讨教：“德屈，你能帮帮我吗？我似乎碰上了瓶颈，成绩一直无法突破。”

他很干脆地回答：“没问题，鲍伯，我可以给你一点意见。”于是连续三天，我接受这位撑竿跳高手的指导，他毫不保留地跟我解说，并纠正我错误的动作。总而言之，我的成绩后来增加了 8 英寸，这全得归功于德屈的指导有方。

其实体育界还有不少提携后进，或是互相帮助的例子。像加大洛杉矶分校篮球队的王牌教练约翰·伍顿就曾表示，他应该每天都让球员有所进步，这是他的责任。

乔治·艾伦当年在大学写有关足球的硕士论文时，曾向全国知名的足球教练发出一份长达 30 页的问卷，结果有 85%的受访者给了完整的回复。

真正有成就的人，是不会计较与人分享心得的，这正是乔治·艾伦能成为举世知名的足球教练的原因。他们曾乐于提出成功的秘诀。我们应该积极和这些人接触，无论是打电话请教，或是阅读他们的著作，试着接近他们和他们交流。这些成功者的经验和指导将会使你受益良多。

暂停你的脚步

麦可·汤姆斯

我们常听人说："在人生的旅途上，别忘了驻足片刻，欣赏路边绽放的玫瑰。"但现代人忙碌得如陀螺打转，又有多少人曾放慢脚步，注意身旁美好的事物呢？我们脑袋装的尽是排得密密麻麻的行程表，整日为工作烦心，还要被乌烟瘴气的交通搞得头顶冒烟，在这种情况下，我们几乎忘了身旁还有他人存在。

很糟糕的是，我也是属于这类庸庸碌碌、对生活失去敏感度的人，特别是在拥挤的街道上开车时。然而前一阵子我在街上目睹了一件事，霎时让我了解，在我这封闭的世界外，原来有这么广阔的一片天地。

那天我开车赶赴一个会议，一路上我一直在构思发言的内容。当我开到一个交通繁忙的十字路口时，红灯突然转亮。我心想："没关系，待会儿速度冲快点，就不会再碰到红灯。"

就在我心浮气躁地加足马力，准备绿灯一亮就冲出去时，路旁一幅景象突然吸引了我的视线。一对双眼失明的年轻夫妇手挽着手，准备穿越这个车辆川流不息的路口。先生手上还牵了个小男孩，少妇胸前则背了个婴儿，他们拿着白色拐杖一步一步探着，小心翼翼地往前进。

初见这一幕我十分感动。在所有的残疾中，我总觉得失明是最不幸的，失明真是一大惨事，我不禁为自己庆幸着。就在此时，我见到这家人走离了人行道，往路口中心的方向移动。对面的来车随时会将他们撞倒，但他们对自己所处的危险情况却浑然不知。我坐在车上替他们捏了一把冷汗，万一哪个司机闪避不及……

就当这一幕在我眼前发生时（我有全场最佳的视野），我见到一件令人不敢置信的事：从四面八方开来的每辆车，都不约而同地停了下来。没有人鸣按喇叭表示不耐，也没有人火冒三丈地大叫："滚开，别挡路！"在这一刻，似乎一切都为这家人而静止。

我睁大眼睛，转头望望身旁的车辆，发现里面的驾驶员也都瞪大眼睛看着这一家人。突然我右边的驾驶员将头探出车外，对着他们大喊："往右走，往右走！"其他的人受了他的感染，也都跟着叫"往右，往右！"

这家人开始一步一步地调整自己的方向，在拐杖的扶持和众人的指示下，最后终于平安无事地到达路口的另一边。这时，他们仍是紧紧地手携着手，这一点带给我莫名的悸动。

我注意这对夫妻脸上并无惊魂未定的表情，可见他们并不知道刚才的情况有多危急，然而目睹到这一幕的驾驶员们，都如释重负般地松了一口气。

最先见义勇为的那位先生转过头，隔着车窗对我说："刚才好险呀！"而我左边车道的女士刚说了一句："真是不可思议。"显然所有的人都被这个偶发事件所感动，平时大伙儿开车都是争先恐后，但遇到需要帮助的人，大家仍是会表现出人性善良的一面。

我后来常回想起这件事，同时也从中领悟了许多。我得到的第一个启示便是先前提过的"放慢脚步，关怀四周"（这是我以前常忽略的一点。）多抽点时间，仔细地瞧瞧身旁的人、事、物，也许你从某些细节里所得到的体会，能让你的人生全部改观。

我领悟到的第二件事是，不管眼前有多大的阻碍，只要我们坚定信心，信任正确的引导，就能达到预定的目标。

这对失明夫妻的目标只是想穿过路口，而他们身旁却有八线川流不息的车道。但在毫无畏惧及怀疑的情况下，他们还是一步一步地到达了对街。

其实在我们的人生道路上，同样有相当多的艰险困难；我们若能信任自己的直觉，并接受"明眼人"的指导，自然能稳当地走到目的地。

最后，我十分感谢上天给我健康的双眼，以前我总认为看得到是理所当然。试想整日活在黑暗中是何种滋味？闭着眼穿越马路，心情该是何等慌张恐惧？我们常忘记自己在生活中拥有许多看似平常，却十分珍贵的天赋。

当我开车离开那十字路口时，对人生有了更深一层的体认，对周遭的人更多一分关怀。既然上天赐我一双眼睛，我就该多观察身旁的世界，并尽力帮助其他不幸的人。

走过人生这一遭时，帮你自己一个忙吧！停下匆忙的脚步，花点时间，仔细观察你四周发生的事物。也许你错过了不少惊喜。

马戏团

丹·克拉克

当我还是个少年的时候，父亲曾带着我排队买票看马戏。排了老半天，终于在我们和票口之间只隔着一个家庭。这个家庭让我印象深刻：他们有 8 个在 12 岁之下的小孩。他们穿着便宜的衣服，看来虽然没有什么钱，但全身干干净净的，举止很乖巧。排队时，他们两个两个成一排，手牵手跟在父母的身后。他们很兴奋地叽叽喳喳谈论着小丑、象，今晚必是这些孩子们生活中最快乐的时刻了。

他们的父母神气地站在一排人的最前端。这个母亲挽着父亲的手，看着她的丈夫，好像在说："你真像个佩着光荣勋章的骑士。"而沐浴在骄傲中的他也微笑着，凝视着他的妻子，好像在回答："没错，我就是你说的那个样子。"

卖票女郎问这个父亲，他要多少张票？他神气地回答：

“请给我8张小孩的两张大人的，我带全家看马戏。”

售票员开出了价格。

这人的妻子扭过头，把脸垂得低低的。这个父亲的嘴唇颤抖了，他倾身向前，问：“你刚刚说是多少钱？”

售票员又报了一次价格。

这人的钱显然不够。

但他怎能转身告诉那8个兴致勃勃的小孩，他没有足够的钱带他们看马戏？

我的父亲目睹了一切。他悄悄地把手伸进口袋，把一张20元的钞票拉出来，让它掉在地上（事实上，我们一点儿也不富有！）他又蹲下来，捡起钞票，拍拍那人的肩膀，说：“对不起，先生，这是你口袋里掉出来的！”

这人当然知道原因。他并没有乞求任何人伸出援手，但深深地感激有人在他绝望、心碎、困窘的时刻帮了忙。他直视着我父亲的眼睛，用双手握住我父亲的手，把那张20元的钞票紧紧压在中间，他的嘴唇发抖着，泪水忽然滑落他的脸颊，答道：“谢谢，谢谢您，先生。这对我和我的家庭意义重大。”

父亲和我回头跳上我们的车回家。那晚我并没有进去看马戏，但我们也没有徒劳而返。

现在就做!

丹尼斯·E·马诺宁

在我为成年人上的一堂课上，最近我做了一件“不可原谅的事”。我给全班出家庭作业！作业内容是“在下周以前去找你所爱的人，告诉他们你爱他。那些人必须是你从没说过这句话的人，或者是很久没听到你说这些话的人”。

这个作业听来并不刁难。但你得明白，这群人中大部分年龄超过35岁，他们在被教导表露情感是不对的那个年代成长。不能表现情感或哭泣（这是绝对禁止的!）所以对某些人而言，这真是一个令人震惊的家庭作业。

在我们下一堂课程开始之前，我问他们，是否有人愿意把他们对别人说他们爱他而发生的事和大家一同分享。我非常希望有个女人先当志愿者，就跟往常一样。但这个晚上有个男人举起了手，他看来深受感动而且有些害怕。

他从椅子上站起身子（他有6尺2寸高），他开始说话了：“丹尼斯，上礼拜你布置给我们这个家庭作业时，我对你非常不满。我并不感觉有什么人需要我对他说这些话。还有，你是什么人，竟敢教我去做这种私人的事？但当我开车回家时，我的意识开始对我说话。它告诉我，我确实知道我必须向谁说‘我爱你’。你知道，打从5年前我的父亲和我交恶了，从那时起这事就没有真正解决。我们彼此避免遇见对方，除非在圣诞节或其他家庭聚会中非见面不可。尽管如此，我们还是几乎不交谈。所以，上星期二我回到家时，我告诉我自己，我要告诉父亲我爱他。

“说来很怪，但做这决定时我胸口上的重量似乎就减轻了。

“我一回到家，就冲进房子里告诉我太太我要做的事。她已经睡着了，但我还是叫醒了她。当我这样告诉她时，她还没真的完全清醒，却忽然抱紧我，打从我们结婚以来，这是她第一次看我哭。我们聊天、喝咖啡到半夜，感觉真棒！

“第二天，我一大早就急忙起床了。我太兴奋了，所以我几乎没睡着。我很早就赶到办公室，两小时内做的事比从前一天做的还要多。

“9点时我打电话给我爸问他我下班后是否可以回家去。他听电话时，我只是说：‘爸，今天我可以过去吗？有些事我想告诉您。’我父亲以暴躁的声音回答：‘现在又是什么事？’

我跟他保证，不会花很长的时间，最后他终于同意了。

“5点半，我到了父母家，按门铃，祈祷我爸会出来开门。我怕是我妈来应门，而我会因此丧失勇气，干脆告诉她代劳算了。但幸运的是，我爸来开了门。

“我没有浪费一丁点的时间——我踏进门就说：‘爸，我只是来告诉你，我爱你。’

“我父亲似乎变了一个人。在我面前，他的面容变柔和了，皱纹消失了，他不禁哭了。他伸手拥抱我说：‘我也爱你，儿子，而我竟没能对你这么说。’

“这一刻如此珍贵，我祈盼它凝止不动。我妈满眼泪水地走过来。我弯下身子给她一个吻。爸和我又拥抱了一会儿，然后我离开了。长久以来我很少感觉这么好过。

“但这不是我的重点。两天后，我那从没告诉我他有心脏病的爸爸忽然发病，在医院里结束了他的一生。我并不知道他会如此。

“所以我要告诉全班的是：你知道必须做，就不要迟疑。如果我迟疑着没有告诉我爸，我可能就没有机会！把时间拿来做你该做的，现在就做！”

善有善报

雷斯·布朗

当我在俄亥俄州、哥伦比亚当音乐台主持人时，回家的路上我常常到大学医院或格兰医院去。我会沿着长廊走到不同人的病房，为他们读圣经且和他们说话。那是一种让我忘记自身问题的方法，也表示了我对上帝赐给我健康的感激。对我拜访的人而言，那有很大的作用，有一次它甚至救了我的命。

我在主持节目时非常好议论。在一次评论中得罪了一位主办人，因为他带了一群不属于某特别团体原组成人员的表演艺人到城里来表演。揭发了这件事后，他竟叫人来找我算帐！

有天夜里，我刚结束在夜总会中的主持工作，在凌晨两点回到家。正在打开门时，有个男人从我房子的后方走来，问："你是雷斯·布朗吗？"

我说："是的，先生。"

他说："我必须跟你谈谈。有人叫我来这儿，教训你一下。"

"我？为什么？"我问。

他说："是这样的。有位主办人对你所说的到城里来的那个团体不是真的那个团体，让他损失不少钱，感到很恼火。"

"你会对我做什么吗？"我问。

他说："不。"我没问他为什么，因为我不要让他改变他的心意！我只是很高兴！

他继续说："我的母亲住在格兰医院时曾写信给我，说有一天你走进去坐在她身旁，跟她说话，并且读圣经给她听。她印象很深刻，那天早上你这位音乐台主持人不认识她，却走进来为她做这些事。我在俄亥俄监狱时，她写信给我，把你所做的事告诉我。我很感动，一直想来见你。当我听到有人想要揍你时，"他说，"我说我管定了这档事，然后叫他们离你远一点。"

窗

◎佚　名

从前有两个重病人，同住在一家大医院的小病房里。房间很小，只有一扇窗子可以看见外面的世界。其中一个人，在他的治疗中，被允许在下午坐在床上一个小时（有仪器从他的肺中抽取液体）。他的床靠着窗，但另外一个有终日都得平躺在床上。

每当下午睡在窗旁的那个人在那个小时内坐起的时候，他都会描绘窗外景致给另一个人听。从窗口向外看可以看到公园里的湖。湖内有鸭子和天鹅，孩子们在那儿撒面包片，放模型船，年轻的恋人在树下携手散步，在鲜花盛开、绿草如茵的地方人们玩球嬉戏，后头一排树顶上则是美丽的天空。

另一个人倾听着，享受每一分钟。他听见一个孩子差点跌到湖里，一个美丽的女孩穿着漂亮的夏装……他朋友的述说几乎使他感觉自己亲眼目睹外面发生的一切。

然而，在一个天气晴朗的午后，他心想：为什么睡在窗边的人可以独享看外头的权利呢？为什么我没有这样的机会？他觉得不是滋味，他越这么想，就越想换位子。他一定得换才行！有天夜里他盯着天花板瞧，另一个人忽然惊醒了，拼命地咳嗽，一直想用手按铃叫护士来。但这个人只是旁观而没有帮忙——尽管他感觉同伴的呼吸已经停止了。第二天早上，护士来的时候那人已经死了，只能静静地抬走他的尸体。

过了一段时间后，这人开口问，他是否能换到靠窗户的那张床上。他们搬动了他，帮他换位子，使他觉得很舒服。他们走了以后，他企图用手肘撑起自己，吃力地往窗外望……

窗外只有一堵空白的墙。

哈蒂小姐

◎ 史蒂芬·葛林

我一出生就是个有学习障碍的孩子。我想象力错乱的情况被称为“难语症”。得了难语症的孩子学单字学得很快，但他们并不知道他们的理解方式和常人不同。我感觉到我的世界多彩多姿，充满着形形色色的“单字”，并引申出了相当多奇特的字汇，使得我的父母对我的学习能力相当乐观。让我害怕的是，我在一年级时就发现字母比单字显得重要。难语症的小孩把字母前后颠倒，没法像别人一样照正常方式排列它们。所以我的一年级老师说我“学习有困难”。

她把她的观察写下来在暑假前交给了我的二年级教师，以使她在我上课前能够想出针对我的特别教法。我上了二年级，可以知道数学问题的答案，却对得到答案的繁复过程无能为力，而我也发现，繁复的过程比答案重要。这时我对学习过程感到完全无助，变成一个说话结巴的人。因为无法直截了当地说话，无法完成一般的数学题目，也无法适当地拼出字母，我变成了一个祸星。我创造了在每堂课都须坐在最后一排的悲剧，离开老师的视线。万一被叫到了，我就含糊地回答："我不——不——知——知道。"我的命运在此似乎被注定了。

我的三年级老师在我上三年级前就知道我不会说、不会写、不会读也不会做数学题，所以她对应付我毫不表示乐观。我发现装病可以作为让我顺利毕业的武器。这使我可以把时间花在校医务室那边，而不必待在最后一排；也可以找到一些模棱两可的理由留在家中或被送回家。我的三年级和四年级就是如此的悲剧。

到了五年级我的命运改变了，上天把我放在严师哈蒂小姐的监管之下——她是美国西部最严格的小学老师。她曾经徒步翻越过落基山脉；这个了不起的女人，对我来说就像熊熊的火焰。她用她的双臂拥着我，说："他不是学习有困难，他只是与众不同。"

现在人们看待与众不同的孩子的潜能比从前把他们当笨蛋看乐观得多。她说："我跟你妈谈过，她说当她念东西给你听时，你记住的是图像化的东西。你只是再被要求去组合文字和片断。叫你大声念东西似乎也成问题，所以如果我在课堂上叫你读课文前，我会先让你知道，那么你前一天在家时就可以预习它，然后我们就可以在其他孩子面前朗诵出来。你妈还说只要你看过一些东西，你就可以深刻了解并谈论它，但当她要你逐字读它或写下来时，你就会面对字母不知所措、不知所云。所以，当我要其他孩子朗诵和填写卷子时，你可以回家，减轻你的压力，用你自己的时间做它，第二天再把它带回来给我。”

她也说：“我注意到你对表达自己的思想会犹豫、恐惧，而我相信每个人的意见都值得参考。我看清楚这件事，而我不确定会成功，但它可能帮得上忙，有个人名叫戴莫斯·席恩斯——你可以念出戴莫斯·席恩斯吗？”

“戴——戴——戴……”

她说：“很好，你会做到的。他有一条难以驾驭的舌头，所以他把石头放在嘴里，不断练习，直到他能控制。因而我拿了一些弹珠，它大到你吞不下去，我已经洗过了。从现在起，每当我叫你来时，我要你把它们放在嘴里，忍耐着说出话来，直到我能听见和了解你说的话。”在她坚定的信任和对我的理解支持下，我知难而进，驯服了我的舌头，终于能够说话了。

第二年我上了六年级，很高兴又是哈蒂小姐当导师。我有幸在她的指导下受益两年的时间。

多年来我一直和哈蒂小姐保持联系，而几年前得知她罹患了晚期癌症。我虽在千里之外，但不假思索地马上买了机票，排（至少是比喻上的）在几百个她的特殊学生之后——这些人也一直跟她保持联络，并已为重新开始他们的联系而展开一趟“朝圣”之旅，希望在她人生的最后阶段把他们的情感带给她。

这群人是非常有趣的组合——3 个美国参议员、12 个州议员和一群各公司的高级行政主管。

有趣的是，在资料表中，我们发现我们之中 3/4 的人在进入五年级时都被学校教育吓住了，相信我们脑袋有问题，被命运和幸运摒弃。而当我们接触哈蒂后，她使我们相信，我们有能力、卓越不凡，也有影响力，如果我们尝试的话，我们有能力创造迥然不同的人生。

当人们播种时

◎ 麦可·布戴尔

当我就读初中高年级时，有个八年级的小流氓一拳打在我的胃上。它不只伤害了我，使我深感愤怒，我也感觉到难以忍耐的困窘与屈辱，我想奋不顾身地以牙还牙！我打算第二天让他尝尝自行车铁链的滋味。

为了某些理由，我把我的计划告诉娜娜，我的祖母——这真是一个大错误。她对我演讲了一个钟头（女人还真能说话）。她的演说真是良药苦口，但我只模糊地记得她告诉我，我不需要让那个人烦扰我。

她说："善有善报，恶有恶报。"我有礼貌地告诉她，我想对她来说这样做没错。我也告诉她，我一直在做好事，但我得到的回报却很"荒谬"（当时我没有用这个字眼。）然而她还是坚持她的立场。她说："善报终有一天会来临，而你做的恶事有一天也会有恶报。”

过了30年，我才了解她话中的智慧。娜娜住在加州拉甘娜山庄的疗养院。每个星期二，我都会去看她，带她出去吃晚餐。我总会看到她穿戴整齐地坐在靠前门的椅子上。我清楚地记得她进疗养院之前的上一次聚餐。我们开车到附近一家家庭式小餐馆。我为娜娜点了一道蒸肉，并为自己点了汉堡包。食物送来后我就开始动口，而娜娜却没有吃。她只是盯着她盘子中的食物，我把盘子挪开，将她的盘子放在我面前，并把肉切成一小块一小块，又把盘子放回她面前。当她很虚弱也很艰难地叉了一块肉放进嘴里时，我忽然想起了一件事，泪水很快地模糊了我的眼睛。40年前，当我是一个小男孩时，娜娜也总是把我盘子里的肉切成碎块，好让我吃下它。

40年过去了，但善有善报。娜娜是对的，我们收获的就是我们播种的东西。

“善行终会有所回馈。”

那个八年级的小流氓呢？

他到九年级还是小流氓。

心中的 18 洞

◎佚　名

詹姆斯·纳斯美瑟少校梦想着在高尔夫球技上突飞猛进——他也发明了一种独特的方式以达到目标。在此之前，他打得和一般在周末才练的人差不多，水准在中下游之间，90 杆左右。而他也有 7 年时间几乎没碰球杆，没踏上果岭。

无疑的，这 7 年间纳斯美瑟少校一定用了令人惊叹的先进技术来增进他的球技——这个技术人人都可以效法。事实上，在他复出后第一次踏上高尔夫球场，他就打出了叫人惊讶的 74 杆！他比自己以前打的平均杆数还低 20 杆，而他已 7 年未上场！真是难以置信。不只如此，他的身体状况也比 7 年前好。

纳斯美瑟少校的秘密何在？就在于“心像”。

你可知道，少校这 7 年是在越南的战俘营度过的。7 年间，他被关在一个只有4尺半高、5尺长的笼子里。

绝大部分的时间他都被囚禁着，看不到任何人，没有说话，也没有任何体能活动。前几个月他什么也没做，只祈求着赶快脱身。后来他了解他必须发现某种方式，使之占据心灵，不然他会发疯或死掉，于是他学习建立“心像”。

在他的心中，他选择了他最喜欢的高尔夫球，并开始打起高尔夫球。每天，他在梦想中的高尔夫乡村俱乐部打18洞。他体验了一切，包括细节。他看见自己穿了高尔夫球装，闻到绿树的芬芳和草的香气。他体验了不同的天气状况——有风的春天、昏暗的冬天和阳光普照的夏日早晨。在他的想象中，球台、草、树、啼叫的鸟、跳来跳去的松鼠、球场的地形都历历在目了。

他感觉自己的手握着球杆，练习各种推杆与挥杆的技巧。他看到球落在修整过的草坪上，跳了几下，滚到他所选择的特定点上，一切都在他心中发生。

在真正的世界中，他无处可去。所以在他心中他步步向着小白球走，好像他的身体真地在打高尔夫球一样。在他心中打完18洞的时间和现实中一样。一个细节也不能省略。他一次也没有错过挥杆左曲球、右曲球和推杆的机会。

一周7天。一天4个小时。18个洞。7年。少了20杆。他打出74杆的成绩。

目标看得见

◎佚　名

往前看时，佛罗伦丝·萧德威克只看到一座雾般的硬墙。她的身体失去了知觉。她已经游了 16 个小时了。

她已是第一个来回横渡英吉利海峡的女人。如今，34 岁的她，设定目标要横渡卡塔利那岛到加州海岸。

1952 年 7 月 4 日早晨，海水如冰，雾也很浓，她几乎看不到她的救援船。鲨鱼们在她孤单的身旁游弋，它们只会因受到来福枪射击而离开。为了不让海浪吞噬，她挣扎着——好几个钟头过去了——这时有数百万人在看国家电视台的直播。

跟着佛罗伦丝的其中一条船上，有她的母亲和教练在替她打气。他们鼓励她，别放弃。她一直没放弃……直到只剩半里时，她要求退出。

7 小时后她才让自己的身体暖和起来。她告诉记者说：

“我真不能原谅自己。但如果我可以看到陆地，我就可以做到。”并不是身体虚弱或寒冷击败了她，而是雾，使她看不到她的目标。

两个月后，她又再试了一次。这一次，虽然雾也一样浓，她很有信心地游向她心中所画出的目标。她知道，在雾的后头就是陆地，这一次，她成功了！佛罗伦丝·萧德威克成为第一个横渡卡塔利那海峡的女人，还比男人的纪录少两个小时！

等什么？马上做它！

葛林·麦克英代尔

我的父亲曾告诉我，我今天变成怎样，上帝绝对有充分的理由。我开始相信了。

我是那种凡事都努力的孩子。我在加州的拉加南海滩长大，喜欢冲浪和运动。但就在一般小孩只会看电视和在晦滩嬉戏的年龄，我就开始想怎样变得更独立，走遍这个国家，计划我的未来。

10岁我就开始工作了。在15岁时，我下课后总有一到三个兼职。我存够了钱买新摩托车，就在我根本不知道怎么骑的时候；在付清现金和保了一年全险后，我开始学怎么骑它；我15岁半，刚刚有学习执照，已买了一辆新的摩托车。它改变了我的生命。

我可不是在周末才骑着玩的那种人。我非常喜欢骑。每天，每一分钟，只要有机会，我就骑，平均每天骑 100 里。在多风的山路上享受骑乘的乐趣时，日升和日落都变得更迷人了。即使到了现在，闭上眼睛，我还可以感觉我自然地骑着它，比走路还要自然。当我骑上它时，迎面的冷风让我感到全身心的放松。在我探索外在世界时，我的内心世界也在梦想着我所憧憬的生活。

两年间我换过 5 辆摩托车，我骑出了加州的道路。我每晚都看摩托车杂志，有天晚上，一辆 BMW 的摩托车的广告吸引了我的目光。一辆泥泞的摩托车，车背上有个大帆布袋，停在巨大的“欢迎到阿拉斯加”的招牌前。一年后，我骑了辆更泥泞的摩托车在同样的招牌前照了一张照片。是我，就是我 117 岁时我独自骑车到阿拉斯加去，征服了 1000 里尘沙满布的公路。

在我出发赴为时 7 周、共达 17 万里的露营冒险前，我的朋友们都说我疯了。我的父母叫我等等再说。疯了？等待？为什么？打从孩提时代开始，我就梦想着骑摩托车横穿美国。我心中强烈的声音告诉我，如果我现在不踏上这趟旅程，我将永远不能。此外，我何时才会再有时间？我快要到大学攻读学位了，再来就是工作，也许将来还会有家庭。我不知道这样做只是满足我自己，还是在我心中感觉到它会使我从男孩变成大人。但我确知那个夏天，我将展开人生的冒险。

我辞去所有的工作，因为我年仅 17 岁，所以我妈得写一封许可书让我踏上旅程。口袋里放着1400元，带着两只帆布袋，绑一只放满地图的鞋盒子在我的后座，一支保护用的笔型手电筒和满腔狂热，我动身前往阿拉斯加和东岸。

我遇到很多人，享受处境恶劣之美和不同的生活形态，在野外炊食并每天感谢上帝赐给我这个机会。有时，两三天没看见任何人，只是在无边的寂静中骑着我的摩托车，只有风轻拂过我的安全帽。我没有理发、在露营地洗冷水，并在旅程中和熊不期而遇7次之多。真是伟大的冒险！

即使后来我又多次踏上旅途，没有一次比得上那个夏天。它在我生命中占有举足轻重的地位。我再也无法回头骑着我的摩托车再走访同样的那些路、那些山、那些森林和那些冰水。因为在23岁时，在拉加那海滩街道上的一场事故中，我被一个喝醉酒的司机，也是一个毒品贩子撞倒，使我半身不遂。

在我发生事故前，我一切都很好。我是个全职的警官，在下班时还是骑着我的摩托车。我结了婚，经济上有保障。但就在比一秒钟还短的时间里，一生都改变了。我住了8个月医院。离了婚，我不可能返回原来的工作岗位，并且得学习如何应付长期的痛苦和面对轮椅，我看见所有的梦想都离我而去。但幸运的，帮助和支持使我有了新梦想并实现了那些梦。

当我回想起我所有的征程，我所旅行过的路，我会想到自己是多么幸运。每一次我骑上车，我总对自己说："现在就做。享受你的周遭，即使你在一个乌烟瘴气的城市的十字路口，你也该享受生命，因为你不能指望下一秒钟和现在一样能经过同样的地方，做同样的事。”

在事故发生后，我父亲说，上帝让我变成半身不遂必有理由。我相信！

它使我坚强。我回去担任文书工作，买了房子，又结了婚。我同时拥有自己的咨询事业，并成为演说专家。此后，每当遇到困难时，我会提醒自己记起我所有做过的事，还有还没做过的事，还有我父亲的话。

是的，他是对的，上帝绝对有理由。最重要的是，我提醒自己享受每一天每一刻，以及，如果能做，就做。现在就做！

为什么必须发生这些事？

莉莉·瓦特斯

我的愉快与热情合一，来自我的声音。我喜欢在我们的地方社区剧场表演。在一连串精疲力竭的表演后，我的喉咙变得非常痛。那是我第一次演出歌剧作品，而且我对自己造成实际上的声带损伤感到害怕。我是带头示范表演的人，而且我们就快要开演了。所以我约了家庭医生，在那儿等了一小时！我最后忿忿地离开，回去工作，然后抓起电话簿找到了附近的喉科专家。我又再一次约好医生。

护士带我进去，我坐下来等医生。我感到非常不愉快。我不常生病，但我却在最需要健康的时候生病。此外，我必须在工作日抽出时间去看两位都叫我等候的医生，我感到很沮丧。为什么必须发生这些事？

过一会儿护士回来了，她说：“我可以问一些私人事情吗？”

这可怪了，在医生的办公室里，他们还要问什么私人问题？但是我看着护士说：“是的，当然可以。”

“我注意到你的手。”她有点急切地说。

当我11岁时，在一次堆高机意外中失去了一半左手。我想这是我没有继续完成演员梦的理由之一，虽然每个人都说：“噢，我从未注意到！你是那么自然。”我心里想，他们其实只想看到完美的人在舞台上，没有人会想看我。此外，我太高、太重、不是真有天分……不，他们不想看到我。但是我喜欢音乐喜剧，而且我确实拥有好嗓音。所以，有一天我在我们的地方社区剧场试演，我第一个上台！那是3年前的事了。从那时起，我一直被指派扮演任何我试演过的角色。

护士继续说：“我想知道的是这件事如何影响你的人生？”

自从这件事发生至今25年，没有人问过我这些。也许他们会说：“它困扰你吗？”但是从来没有这样全面性地问：“它如何影响你的人生？”

一阵令人困窘的沉默后，她说：“你知道，我刚生了一个婴儿，而且她的手就像你的情形，我——这个——我需要知道它是如何影响你的人生？”

“它如何影响我的人生？”我思考了一下，想找出正确的字眼来说。最后，我说：“它已经影响我的人生，但不是在坏的方面——我做了许多拥有两只正常手的人认为困难的事。我每分钟约打75个字，我弹吉他，我骑马表演多年，我甚至有驯马师资格。我参与音乐剧院的演出，而且我是职业演说家，我经常面对群众。我一年做电视节目四到五次，我想它从未变得‘困难’，因为我有家人的爱与鼓励。他们总是谈论着我将变得声名大噪，因为我将会用一只手做一些大部分人用两只手做也会有困难的事。我们对那一点都感到非常兴奋。那才是主要焦点，不是残障。

“你的女儿并没有问题，她是正常的。你会是那个教导她看待自己如同其他正常事物一样的人。她将来会知道她是‘与众不同’，但是你会教导她‘与众不同’是美好的事，正常则意味着你是普通的，那有什么乐趣可言?”

她沉默了一阵，然后说声“谢谢”就走出去了。

我坐在那儿想：“为什么必须发生这些事?”事出必有因——即使是那堆高机压在我的手上也是一样的。所有的情况促成我现在在医生这里，而且此刻的存在也是有原因的。

医生走进来，看了我的喉咙，并说他想麻醉后，插入探管检查。算了，歌唱家对于将医疗器具放入他们的喉咙是感到非常偏执不安的，尤其是一些粗大到需要麻醉的器具！我说：“不，谢了。”就走了出去。

第二天，我的喉咙就完全好多了。为什么必须发生这些事?

两个5分镍币和5个便士

◘ 佚　名

在一个冰淇淋圣代花很少的钱就可买到的日子里，一个10岁的男孩走进一个咖啡店，坐在一张桌子旁边，一个女侍者把一杯水放在他面前。“一只冰淇淋圣代多少钱？”

“50分。”女侍回答。

小男孩把他的手放在口袋里，仔细数着硬币的数量，“一盘普通的冰淇淋多少钱？”他询问着。

一些人此刻在另一张桌子上等着，女侍者有点不耐烦了，“35分。”她粗鲁地说。

小男孩又数了一遍硬币，“我想来一份普通的冰淇淋。”他说。

女侍者拿来一份冰淇淋，把账单放在桌子上，然后离开了。男孩吃完冰淇淋后，把钱付给收款员后走了。当女侍者回来后，她开始擦桌子，当她看到桌子上的东西时，感到非常难为情，在那儿，在空盘子旁边，整齐地放着两枚 5 分镍币和 5 枚便士——她的小费。

同情的眼神

◎ 安娜莫斯

很多年以前的一个寒夜，在弗吉尼亚州北部，一个老人等在渡口准备乘船过河，寒冷的冬季的霜雪已使他的胡子像上了一层釉。看来他的等待似乎是徒劳的。寒冷的北风使他的身体冻得麻木和僵硬了。

突然，他听到沿着冰冻的羊肠小道上传来了有节奏的由远而近的马蹄声，怀着焦急的心情，他打量着几个骑马的人依次从他身边过去了。待最后一个骑手经过他时，老人站在雪中僵直的像一尊雕像，就在将要擦身而过的一瞬间，老人突然看着那人的眼睛说："先生，您能否让一个老人和您乘一匹马共行？您知道，单凭用脚走，人是很难通过这一段路的。"

骑者勒住了自己的马，回答："确实是这样，上来吧！"看见老人根本无法移动他那冻得半僵的身体，骑手跳下马来帮助老人上了马，骑手不仅把老人驮过河，而且送他到他要去的地方，那里有数英里远。

当他们走近一座小而舒适的村舍时，骑手的好奇心促使他问道："先生，我注意到你让其他几个人过去而没有请求帮助，而当我经过时你却留住我借用我的马，我很奇怪这是为什么，在如此一个寒冷的冬夜，您却等待在这里并截住最后一个骑手，如果我拒绝您的要求并把您留在那里，结果会是什么？"

老人慢慢下了马，以一种惊奇的目光看着骑手，回答说："我已经在这里等了一些时间，但我以为我知道谁更有美好的品德，"老人继续道，"我仔细观察了那几位骑手，立即便看出他们没有关心我的处境，这时候就是我求他们帮忙也无济于事。但是当我仔细一看您的眼睛，仁慈和同情之状是相当明显的。我知道，当时当地，您的友好态度使我得到了这样一个机会，使我在最需要的时候能够得到帮助。"

那些暖人肺腑的评价深深地触动了骑手，"您的评价把我形容得太伟大了，"他告诉老人，"可能我以前在从事自己的事情上过于忙碌，所以我对别人需要安慰和怜悯的帮助太少了。"

说完这些，那名骑手——托马斯·杰斐逊总统调转马头，踏上了通往白宫的路。

温暖你的心

斯科特·格洛斯

德纳维尔的早晨天气有点冷。气温变化无常。首先，逐渐上升的热度融化了积雪，雪化成水流掉了，通过视野看见它流进了暴风雨冲刷的排水沟里或静静地沿着路旁镶边石流走，穿过院子一侧和篱笆下侧流到低洼地带，在那里它逐渐蒸发而至消失。然后寒冷重新来一次报复行为，带来了另一番银装素裹，冰冷的冬季再一次显示它的威严，并迫使人们藏于家中，用严寒把街上的人们赶回到各自家中。

这里最适合躲在家里的一天，我本该因为伤风留在家里等着妈妈给我做一碗汤。或者我该听一整天收音机中播放的所有新闻，想象着暴风雪不费吹灰之力就可能把道路全部封堵上。这样的一天就如该如此消磨掉。

可是，我必须在德纳维尔会议中心给 200 人作一次演讲。

这些人像我一样，无法因患感冒流鼻涕、待在家里等着妈妈给煮汤喝。别无选择，我们聚集到会议中心：除了讨论一下天气，几乎没有别的话题。

我的无线麦克风因一时疏忽，少装了一个电池，偏偏又忘了带备用电池。别无选择，我只好顶风走入寒冷中，低着头，竖着领子，脚在一双肥大的鞋中来回晃荡着。

每前进一步都使我的紧身裤贴在我肌肤上，料子是冰凉的，这使我回想起我的母亲若知道我穿得如此单薄的话，她绝不会让我出屋。

绕过拐角，我发现一个小招牌，看来一间方便店即将印入眼帘。我加快脚步，走到门前，用肺里呼出的热气抵御外面凉风。住在德纳维尔的人们喜欢调侃说，德纳维尔的冬季意味着去忍耐一种“令人爽快的寒意”。当他们的亲戚们问他们为什么喜欢住在这个海拔一英里高的城市时，德纳维尔人自豪地宣布：“这里的天气是一种干爽的寒意。”干燥，我的天！天冷得能冻跑一只铜铸的猴子，当来自北极的时速 40 英里的狂风抽打你们的后背上时，湿度就显得不怎么重要了。

在店里有两个人，柜台后一个戴着徽章的说她叫罗伯特，从她的外表看，罗伯特应该是一个期待家人能给带来热汤并给她幼小的心灵以安慰的人。但恰恰相反，她却被分配在这个边远村庄的小商店度过了一天。这是一个接近荒废的，德纳维尔最低洼的地区。对于那些在如此寒冷天气中鲁莽外出的人们，它就像一个灯塔，一间避难所。

另一个寒冷中的难民是一个高个子的、上了年纪的绅士，他看上去对所处环境不以为然，他完全不急于离开这里，也不愿意把自己交给风和冰封的人行道的摆布去冒险穿越城市。我不禁感到这个绅士已经丧失了他正常的思维和解决问题的办法，在如此一天中走出家门，在一个商店的商品中走来走去，这个人一定是完全傻了。

我没有时间去理会一个丧失领悟力的老人，我需要一节蓄电池。有 20 个重要的人物在会议中心等着我回去处理他们生活中的一系列问题。

老人设法越过我找到了走向柜台的路，罗伯特笑了，她没有说一个字，罗伯特收拾起他的少得可怜的物品，然后分项地把它们记入现金簿上。为了一块糟糕的卷饼和一串香焦，老人在这个糟透的早晨强迫自己出来，多么可悲的一个错误啊！

为了一块卷饼和一串香焦，一个理智的人会等到春天。当天气好转时，他们有可能有机会到街上自由散步，不像这个家伙，他驱使自己这身老迈躯体在这个早晨奔波，好像没有明天似的。

可能真的没有明天了。毕竟，他是个年迈的老人。

当罗伯特计算完总额时，一只疲惫的、苍老的手深深地探入衣服兜内开始搜索。我想着：“你可能已经拥有所有的日子了，但我却还有许多事情去做。”

搜寻着的手最终掏出一把跟他自己差不多老的零钱，几枚硬币和一张皱巴巴的美元纸币放到柜台上，罗伯特看待这些钱就像她得到了金银财宝似的。

当少得可怜的物品被装入一个塑料兜时，一件异乎寻常的事情发生了。尽管她的老朋友没有说一个字，一只苍老的、疲惫的手慢慢伸向柜台，手颤抖着，然后停下来。

罗伯特小心翼翼地将兜子的塑料把撑开，套在老人那多节的手指上，这些手指饱含了岁月的风霜。

罗伯特温柔地笑着。

她拉起另一只疲劳苍白的手，并立即握住那一双手，把它们聚拢在她棕色的脸前。

她温暖着它们，上上下下地摩抚，然后是另一侧。

她伸手拉了拉散落在他宽宽的并不弯曲的肩膀上的围巾，她拉近它并把它缠绕在他脖子上。他仍旧没有说一个字，他站在那里好像一下手凝固了他的思维。

罗伯特扣上了那个老人无法系上的纽扣。

她用眼睛看了他一眼，用一只纤细的手指抚弄他。

“现在，约翰逊先生，我非常想让你去小心谨慎地做。”然而她稍作停顿为了强调而真挚地加上一句：“我希望明天在这儿能看到你。”

这些话语给老人注入了活力，他迟缓地动着，一步一挪地走着，慢慢地消失在这德纳维尔寒风刺骨的冬日里。

我随后意识到他不是进来寻找一串香焦和一个卷饼，他来是为了得到一点温暖，以温暖他的心。

我说：“喂，罗伯特！这才是一个真正需要帮助的顾客呢，他是你叔叔，邻居，还是一个特殊的人？”

我的话伤了她的感情，她并不熟悉这个老人，对于她来说，每一个人都是特殊的。

仁爱的行动

佚　名

美国内战期间，亚伯拉罕·林肯经常去医院慰问受伤的士兵。一次，医生介绍了一位即将死去的年轻士兵，林肯走到他的床边。

“我能为您做什么事吗？”总统问道。

士兵显然没有认出林肯，他费力地低声说道：“您能给我母亲写封信吗？”

笔和纸被准备好，总统认真地写下那个年轻士兵能说出的话：

“我最亲爱的妈妈，在我履行我的义务时，我负了重伤，恐怕我不可能再回到您身边，请不要为我悲伤，代我吻一下玛丽和约翰。上帝保佑您和父亲。”

士兵虚弱得不能再继续说下去，所以林肯代他签了名，又加上一句："亚伯拉罕·林肯为您儿子代笔"。

年轻人要求看一下信，当他知道谁为他代笔写信时他不禁惊呆了，"您真是总统吗？"他问道。

"是的，是我。"林肯平静地回答，然后他问道他还能为他做些什么。

"您能握握我的手吗？"士兵请求道，"那将帮助我走完我剩下的这段时光。"

在这个寂静的房间里，高大的总统握着男孩的手，说着体贴人怀的鼓励的话语，直到死亡款款而来。

了解你自己的优点

◎ 唐·马丁

富兰·塔肯顿是以前的明尼苏达州海盗橄榄球队指挥反攻的四分卫。有一次，他参加一场要求他拦阻冲势迅猛的擒抱员的比赛。

NPL 四分卫几乎从不进行拦阻。他们的重要性经常由防卫者决定，因为这样的拦阻将使他们冒受严重伤害的危险。

但这个队比分落后了，需要一次出人不意的得分机会。塔肯顿上场进行拦阻，跑垒者得到一个底线得分。海盗队赢得了这场比赛。

第二天，队友们看着比赛录像，塔肯顿希望他所取得的成绩得到嘉许。

但是，他始终没有得到任何赞扬。

看完录像后，塔肯顿走近教练巴迪·格兰特，问道：“教练，你看到我的拦阻是不是？你怎么会对它一点看法都没有？”

格兰特回答道：“我确实看到了这次拦阻。妙极了，富兰，在那儿你总是干得很卖力。我思量我不用特意告诉你的。”

“噢”，塔肯顿回答道：“如果你再想让我去拦阻的话，你该这么做！”

心底的勇气

◎ 帕蒂·汉森

我坐在摇晃的观众席的椅子上，肩扛自动摄像机，我能感觉到我已是热泪盈眶。我6岁的女儿在舞台上镇定自若地、充满自信地、全神贯注地唱着她的心声。我感慨万千，努力控制住自己不哭。

“听，你能听到声音和周围全世界的心跳声吗？”她唱道。她的小圆脸转向灯光，一张如此可爱和熟悉的小脸，而不像我自己瘦削的脸庞。一双如此与我不同的眼睛用全部的信心直视观众。她知道她被爱包围着。

“在山谷的上面，在平原的外面，世界的每一个角落，听起来都有一样的心跳声。”

她亲生母亲的脸转向我，一位年轻妇女的充满信任的目光直射我的内心，接着又转向观众。我女儿的这些从她生母那儿继承下来的相貌，特别是眼睛斜向角落，还有那我从不曾停止吻过的玫瑰色的、饱满的小面颊。

“黑色的或白色的、红色的或黝黑的，它是人类的子女的心脏……哦，跳恸着……哦，跳动着。”她的歌曲结束了。

观众席沸腾起来，我也兴奋得不能自制，雷鸣般的掌声响彻大厅。我们都站起来让梅尔涅知道我们喜欢她。她笑了，她知道效果一定是这样的。现在我哭起来。我感到是她的妈妈真幸福。她给我如此多的幸福，以致我的心脏真有点伤痛。

人类的子女的心……充满勇气的心，在我们迷失的时候指点我们要选择的路……能使陌生人为了一个共同的目标而团结为一个整体，这是梅尔涅的生母向我表露的心。梅尔涅曾私下里风闻过关于她生母的事。这颗充满勇气的心脏属于在 16 岁就成为女人的一个小女孩，因为她毫无顾忌地坠入了情网。她是一位信念坚定的女人，就是她能够给自己的孩子另人所不能给予的一切，让孩子有比她更美好的生活。

当我拥抱着梅尔涅时，她的心紧贴着我的心跳动着，我告诉她表演得如此精彩。她在我的怀抱里扭动着并看着我：“你为什么哭了，妈妈？”

我回答道：“因为我为你的表演成功感到高兴，更以你为荣！”我感觉到自己敞开胸怀，并不只是用自己的胳膊拥抱她，也不只是用自己的爱拥抱她，我还代表着那位女性的爱，是她勇敢的选择，生下了梅尔涅，并将她赐予我。我怀着我们两个的爱……和充满信心的亲生母亲共同分享，那位怀抱里什么也没有的母亲一定也充满了爱……因为我们所拥有的心跳是一样的。

信义、希望和爱

彼得·斯拜克

在我 14 岁的时候，我被送往柴郡学院去读书。那是一所设在康涅狄格州的寄宿学校，是专门为家庭有问题的男孩子设立的。我的问题是我的酗酒的母亲，她的狂纵拆散了我们的家庭。父母离异后，母亲一直是由我来照管，直到我在八年级时几乎所有的功课都不及格为止。最后，我的父亲和一位中学校长决定把我送进一所擅长体育而训练严格的寄宿学校（对于我酗酒的母亲也是一个理想的距离），他们认为也许这所学校能给我提供一个从高中毕业的机会。

在柴郡我的新生一年级的入学典礼上，最后一位讲话的是纪检总长——弗雷德·奥利尔，他过去在耶鲁大学时曾是一名泛美橄榄球运动员。他是一位身材魁梧的男子，长着双重下颚和粗壮的脖子，看起来就如同耶鲁吉祥物："叭儿狗"。当他移动他那庞大的身躯向前对着话筒讲话时，在场的每一个人都绝对地静了下来。坐在我旁边的一位高年级学生悄声地对我说：“孩子，千万别让这个人看见你，不论是过马路还是在干别的，总之别让这个人知道你的存在。”

奥利尔先生那天夜里在学校大会上的讲话很简短，主要内容是：“不许！我再重复一遍，不许走出校园，不许吸烟，不许酗酒，不许同镇上的女孩子接触。如果有人触犯了这些规定，将会受到严厉惩罚。另外，我个人还要踢你这头蠢驴！”正当我以为他已经结束了讲话的时候，他又以一种缓慢而低沉的语调讲：“如果你们有人有什么困难的话，我办公室的门随时都向你敞开着的。”这句话在我的内心深处产生了巨大的震动。

随着学校里生活岁月的流逝，我母亲的酗酒也开始变得更加严重。她几乎不分昼夜地打电话到我的宿舍，用含糊不清的语句请求我退学回家，同她住在一起。她发誓她一定停止酗酒，而且我们可以到佛罗里达去旅游，诸如此类。我爱她，对我来说，拒绝她是很痛苦，她的每一个电话都搅得我心上下翻腾，我感到自己犯了罪，非常羞愧。我是非常非常的迷乱不安。

一天下午，在一年级的英语课堂上，我正在思考着前一天夜里母亲来过的电话，我的感情战胜了理智，我感觉得到我的眼泪夺眶而出，因此，我问课堂上的老师是否可以原谅，让我离开一会儿。

“出去干什么去？”老师问。

“去见奥利尔先生。”我回答。我的同班同学都愣住了，吃惊地看着我。

“彼得，你做错了什么？或许我可以帮你。”老师暗示我。

“不！我想现在就到奥利尔先生的办公室里去。”我说。当我离开课堂时，脑海里只有那句话：“我的门是敞开着的。”

奥利尔先生的办公室是在主体大厅的巨大门廊外，他办公室的门上装有一扇大玻璃，站在外面的人能够看到里面，无论什么时候只要有人犯了严重错误，他就把他们推进办公室，砰地一声关上门，放下窗帘。你经常可以听到他在里面怒吼：“昨天夜里有人看到你躲在消防站后面同另一个家伙以及镇上咖啡屋的女孩子吸烟了！”那个不幸的人一定会受到严厉的处罚。

无论何时，他办公室的门外总会有一排人，学校里的男孩犯了各种各样的事儿，正夹着尾巴坐在那里。当我在队列中排好时，另一个男孩问我犯了什么错。

“什么错也没犯。”我说。

“你疯了吗？快离开这儿，现在！”他们向我喊道。但我想不出我还能去哪儿。

最后，轮到该我进去了。奥利尔先生的办公室的门打开了。这样，我就可以直视到了那严厉的双重下颚。我有些颤抖，感到自己很蠢。但我又疯狂地感到什么事或什么人已经把我推到了这个人——校园里最让人望而生畏的人的面前。我抬起头来，我们的目光碰到了一起。

“你来这儿干什么？”他吼叫着。

“在开学典礼上您说过如果有人有困难，您的门是敞开着的。”我结结巴巴地说。

“进来吧。”他说，同时向我指了指一把绿色的大扶手椅示意让我坐下，然后放下了门上的帘子，走到桌子后面，注视着我。

我抬起头来，开始讲述，泪水顺着面颊往下流淌。“我的母亲是一个嗜酒者，她喝醉了就给我打电话，她想让我停学回家。我不知道该怎么办，我感到很惊恐，很害怕。请不要以为我疯了或者是个白痴。”

我把头埋得低低的，禁不住开始痛哭了起来。我忘记了自己所处的环境，没听见这位高大的从前的运动员已静静地从他那张桌子后面走了出来。他转过桌子，站在了这个坐在绿色大椅子里哭泣的小男孩的旁边。

一个被上帝遗弃了的孩子处在黑暗、寒冷的角落。

接着，它发生了——由上帝通过人而创造出的众多奇迹中的一个发生了。奥利尔先生的宽大的手掌轻轻地抚摩着我的肩膀，他的拇指停在了我的脖颈上。

我听到这个令人害怕的严厉的巨人温和地讲：“孩子，我理解你现在的感触。你瞧，我也是个嗜酒者。我愿意做任何力所能及的事去帮助你和你的母亲，我将让我的嗜酒者互诫协会的朋友今天就同她取得联系。”

刹那间，我感到片刻的清澈与宁静。我知道事情正在好转，而且我再也不用害怕了。当他把手放在我的肩上的时候，我感觉自己遇上了上帝、基督和摩西，真诚、希望和爱对于我第一次变得真实了起来。校园里最令人恐惧的人变成了我秘密的朋友。我总是忠实地到他那里去报到，一周一次。午餐时，每次当我从他的桌旁经过，他总是朝我快速地瞟一眼并友好地眨几下眼睛。这个在校园里因严厉而让人恐惧的人竟然如此温和地、爱抚般地关照我，我的心在骄傲地翱翔。

每当我需要帮助的时候，我就去找他……他总会在那里。弗雷德·奥利尔是一个假名，为了保护其真人的隐私，名字被更换了。

我心中的足迹

◎ 劳拉·D·诺顿

一月的天，冷得无情。就在这样一天，一位新同学来到了我的专为学习能力低下的同学开设的五年级班，就是他，使我开始了自己人生旅途中刻骨铭心的一幕。第一眼见到鲍比，他浑身衣衫褴褛，尽管是冬天，破旧的衣服仍然捉襟见肘。一只鞋没了鞋带，随着他走路一上一下，拖拖拉拉。即使穿着一身很体面的衣服，他看起来也决不会是一个正常的孩子；他那种幽灵似的、呆滞、迷惑而不自信的样子是我从未见过、也再不想看见的。

鲍比不只是看起来很奇怪，他的行为也是异乎寻常的。他在走廊的痰盂内小便，说起话来就好像是大喊大叫，对唐老鸭很着迷，他也从不敢正视别人，哪怕是在上课时，他也会絮絮叨叨说个不停。有一次，他居然非常骄傲地向大家宣布体育老师让他在脸上涂上除臭剂，原因是他笑得很难看。

鲍比不仅日常行为异常，他的智力更是低得令人瞠目。已经11岁的他居然还不会读写，甚至连字母表上的字母他也写不出来。不用说，他在这个班里是最差的学生。

对于将鲍比安排在我的班级中，我一直耿耿于怀。我认真看过他的档案，不可思议的是他的智商居然是正常的。那么，究竟是什么原因使他有如此古怪的行为呢？就这个问题，我与学校的顾问进行了谈话，他告诉我他曾经见过鲍比的母亲，鲍比的行为和他母亲相比已经正常得多了。随后，我又更加仔细地查看了鲍比的档案，发现他在3岁以前一直生活在保育院内，之后回到母亲的身边。在以后的岁月里，他们至少每隔一年就会移居到一个陌生的环境。情况就是这样。所以不管鲍比有多么古怪的行为，他仍然可以做我的学生，因为他的智商是正常的。

我不愿去面对与承认这一切，我为鲍比生活在我的班级中而感到愤怒与憎恨。我的教室已经拥挤不堪了，并且我已经有好几个使我心力交瘁的学生了。我从未尝试过去教一个智力如此低下的学生，甚至为他备课都是一件不敢想象的事情。头几个星期，我每天早晨起床后都是肌肠辘辘，还不得不拖着疲惫的身躯走进办公室。那些天，每当我准备开车去学校时，都有一种强烈的欲望，期待着看不见鲍比。我时常为自己能成为一名优秀的教师而感到自豪，而此时此刻我也为自己对鲍比的厌恶而感到内疚。

尽管鲍比几乎使我发疯，但我仍努力地拿出勇气去教他，就像对待我班级中所有人一样去对待他。在教室里，我决不允许任何人将他作为玩弄、嘲讽的对象，然而，出了教室，同学们还是不断地伤害他。他们就像野兽那样，对同类中的弱者、伤病者绝不留情。

鲍比来校一个月后的一天，他走进了我的办公室，衬衫被撕破了，鼻角流着血，不用说，就知道又发生了什么事，他被同学们当作马跳。回到教室，鲍比坐在自己的课桌前，装作什么事情也没有发生过，他打开书，强忍着眼中的泪去读，可是泪混杂着血，还是一滴滴地掉在了书页上。面对这颗幼小而倔强的心，我能做些什么呢？我生拉硬扯，才将他拖到护士那儿。对于伤害他的同学，我惟一能做的就是谴责，我谴责他们应为自己的行为而感到羞耻，因为鲍比与他们不同。我无法抑制自己的感情，近乎于喊叫地对他们说，鲍比的古怪并不能成为被伤害的原因，相反，这更应当成为被大家关心和爱护的理由。也是在这个时候，鲍比才第一次认真听我说话，我发现自己也应当改变一下对鲍比的看法。

这件事使我改变了对鲍比的态度，也是从这时起，我眼中的鲍比不再古怪，我所看见的只是一个极需关心与爱护的小男孩。我认为这才是对一个教师最好的检验。鲍比这种特别的需要，我必须尽我所能去满足他。

我开始为鲍比从基督教的救世军那儿买一些衣服，我知道同学们之所以取笑他，是因为他只有三件衬衫，我仔细挑选质量和款式都比较好的布料。这些新衣服使他兴奋极了，也提高了他的自尊。不管何时，当他担心挨打时，我总是伴他一起走进教室，课余时间我也会陪着他一起复习功课。

我欣喜地发现这些新衣服带给鲍比的变化。他开始与他人友好地交往，不再羞怯与沉默，我发现其实他是一个很可爱的孩子，他的行为也不似从前的古怪，至少他再也不会像从前那样不敢正视别人了。我也不再对上班而恐惧了。每天早上，我都盼望能看见他走出门廊。当他不在的时候，我都会为他担心。我也注意到我对鲍比的态度改变后，我的学生们也是如此，他们不再拿他当靶子，而是视他为他们中的一部分。

有一天，鲍比带给我一张纸条，说他两天后将离开这儿，看到这个消息，我的心几乎都碎了。我还没来得及送给他我想送给他的所有衣服。我非常难过地走进商店为他买了最后一套衣服，这是我为他准备的分别礼物。当他看见衣服上的标签时，他说："我这是第一次穿买来的新衣服。"

一些同学知道了鲍比要离开这儿的消息后，都主张为他开一个欢送会，我当然举手赞成，但我想："他们都得做功课，明天早晨的欢送会又怎么能组织成呢？"但出乎意料的是，他们居然做到了。第二天早晨，同学们为鲍比带来了蛋糕、彩带、气球和很多为鲍比准备的礼物，昔日的冤家今日都变成了难舍难分的好朋友。

在鲍比在校的最后一天，他走进教室时，背着一个大背包，里面装满了书。他在整个欢送会上开心极了，事后，我问他这些书是做什么的，他说："送给你，我有很多书，所以我想这些应该属于你，他们对你会有用的。"我相信鲍比在家一定是一无所有的，然而，出乎我意料的是一个只有三件衬衫的孩子居然有如此之多的书。

当我浏览这些书的时候，我发现大部分都来自于他生活过的地方的图书馆。我知道这些书其实真正不属于鲍比，但他把他所能给的都给了我，这是我在这一生中收到的最丰厚的礼物。然而，我除了送给他衣服，什么也没给过他。

当他离开的时候，他问我能否做他的笔友。然后，手里拿着我的地址走出了办公室，留下了他的书和我们一起度过的这段刻骨铭心的历程。

圣诞节

◎佚　名

他在教区居民来到教堂做第一次弥撒之前就已经检查过了整个教堂，并且满意地注意到走廊和靠背长椅在午夜弥撒过后都已经打扫过了，并且被掸去了灰尘，那些丢弃的手袋、祈祷书、手套都已被收集到一处并被送到了教区长住宅。

那是凌晨差几分钟到5点，室外很黑，在教堂里，只有这位年长的神父在踱来踱去。昏黄的烛光摇曳着，把暗影时而投到拱门上，时而又投到石头地面上。偶而一次，倏忽跳动的烛光能很微弱地映照出积满灰尘的玻璃窗富丽的色彩。天很冷，而且，除了神父那缓慢的踱步声，周围一片寂静。

在走回圣器贮存室的路上，他停在基督诞生画的旁边，要对圣子说一句祝福圣诞的话。在那小小的模型舞台上，具有令人赞叹的现实主义风格，那神圣的场景正在上演：通过敞开的门，你可以看到午夜的晴空和指引牧人们走回马厩的星星。那些牧人刚刚走进马厩，带着虔诚的神情。牲畜都在畜舍中。在马厩中央是圣母一家，正在低头注视着马槽。

神父忽然皱了一下眉，弯下身靠近马槽，他的惊叫声一下子穿透了教堂，马槽空了！圣子——那个代表孩子们的救星的小小塑料娃娃不见了。

慌乱地，而且带着越来越浓的焦灼不安，神父开始在马槽附近搜寻，然后又弯着腰仔仔细细地在走廊里找了一遍。他喊来了教堂司事和牧师助理以及所有的教父，但是谁也做不出任何解释。他们议论了很长时间，最后不得不难过地摇着头互相进行搜身。他们接受了他们一直想回避的真相：那代表孩子们救星的偶像不是放错了位置，也不是被遗失了，而是被人偷走了。

在紧张肃穆的气氛中，神父把这桩窃案向所有来做第一次弥撒的教徒作了报告。带着严厉且因愤怒而颤抖的语调，他宣告了窃案的实质，并将其定为可怕的盗窃圣物罪。他的目光扫视着所有教徒，好像在搜索每个男人和女人的内心深处。“圣子，”他说，“必须要在这个圣诞节结束之前送回基督诞生画那儿！”然后，在静默中，他大步走下了讲坛。

在以后的每一次弥撒中他都重复这一誓言，但是毫无作用，马槽依旧是空的，在圣诞节下午将要过去的时候，神父带着灰白的脸色和沉重的心情，沿着他所辖教区一条寒冷的街道一边走、一边沉思默想。

就在他走着的时候，他看到前面走着一个他最年幼的教徒，一个五六岁的小男孩，名字叫约翰尼·穆兰内。衣着单薄的约翰尼在路上正吃力地走着，在身后却很骄傲地拉着一辆儿童推车，车的颜色亮红，显然是圣诞节新买的。

神父因意识到了那一家人的牺牲精神和节衣缩食而受感动：买这样一个玩具一定要花好多钱，而那一家是很穷困的。一种油然而生的激情温暖了他的心，使他重新找回了对人类本性的信任。他加快脚步赶上了那个男孩，想对他说句“圣诞快乐”，并想羡慕地大声说那儿童车真漂亮。但当他走近约翰尼的时候，这一善意的打算突然被挤出了心外，因为他发现儿童车并不是空的，它的里面确确实实地装着圣子的偶像。尽管它被包着裹着，但并没有被完全藏住。

神父严厉地叫住了约翰尼，他厉声审问他。那男孩只是一个小孩子，他当然完全承认了，然而他却幼稚得根本不知道偷窃是一种罪过，偷窃教堂的圣像是一种严重的罪行。这时，神父用他的高声呵斥使约翰尼明白了这些。他站在那里，用一双透明的无邪的眼睛望着神父，眼中却溢满了忏悔的泪水。

“但是，教父，”在神父最终停止了斥责之后，那男孩呜咽着说，“我没有偷窃圣子，根本不是这么回事！”他哽咽了一下继续说：“只是因为我向他祈祷希望得到一辆红色儿童车作为圣诞礼物——我还答应他如果我得到了车子，我一定带他出来让他先坐头一回！”

你很棒，你很快

◎ 卡西·M·柯里

那时，我住在海湾地区。母亲来看我，待了几天。在她逗留的最后一天，我准备出去跑步。工作于极单调的环境中，我发现早上出去跑跑步是非常有益的。临出门时，母亲对我说："我不认为跑步对身体是有好处的——那个著名的长跑运动员死了。"

我开始向她讲述我所读过的关于吉姆·菲克斯的报道，跑步可能正是他比他的大多数家人活得更长的有益因素，但我清楚我的话完全没有击中要害。

当我开始在我中意的小道上跑步时，我发现我无法动摇母亲的观点。我是如此的泄气，以至于我几乎无法再跑下去了。我开始想："为什么我会对跑步简直有些厌倦了？那些坚持跑步的人可能会认为我的样子荒唐可笑！我可能会在路上心脏病发作的——我父亲在50岁时患了致命的心力衰竭症，而他看上去要比我壮实得多。”

我母亲的话就如同一张巨毯一样盘旋在我的头上。我由缓跑变成了步行。我感觉自己被彻底地击败了。现在，我已经是年近半百的人了，但我仍希望能够从母亲那里得到一句鼓励的话。并同样会发疯般地让自己去追求一种也许永远无法得到的赞许。

正当我打算在两英里的标牌处转过身来往家走的时候——感觉比记忆中的任何时候都要泄气——我看见有一位华裔老先生正从这条小道的对面朝我走来。我曾看到过他在早上散步，我总会向他喊：“早上好！”他也总会微笑着朝我点点头。在这个特别的早晨，他从路的另一边转过来走到我的这一边，站在了我的跑道上，迫使我停了下来。我有些生气，母亲的评价（再结合以有着相似评价的一生）已破坏了这一天的情绪，而现在这个人还挡住了我的路。

我当时正穿着一件T恤衫，是我的一个朋友在过中国春节时从夏威夷给我寄来的——它的正面是3个汉字，背面是檀香山的中国城风景。是从远处看见了我的T恤衫，方使他挡住了我的。他用蹩脚的英语指着T恤衫上的汉字兴奋地说：“你说（汉语）吗？”

我告诉他我不讲汉语，这件T恤衫是一个在夏威夷的朋友送来的一件礼物，我感觉他没能全部听懂我的话。接着，他非常热情地说："每次看到你……你很棒……你很快。"

唉，我既不棒，也不快。但那天当我离去时，双脚突然具有了一种无法解释的弹力。在那个我先前曾想中途而废的地方，我没有转过身，而是又继续往前跑了 6 英里多。你知道，那天早晨我的确很棒，在精神上和心灵里，我的确很快。

因为那句微不足道的赞美，我便继续跑了下去。最近，我跑完了我的第四次檀香山马拉松长跑。今年的目标是纽约的马拉松比赛。我知道我不可能会在比赛中获胜，但现在，只要在我心里产生一点儿消极反应时，我就会想起那位中国先生，他确信："你很棒……你很快。"

得与失

弗兰克·斯拉扎克

我在25年之前就怀有这样的一个梦幻。斯帕得、格林和格瑞瑟姆，这些名字是我心目中的英雄。他们钻进电话亭大小的宇宙密闭小舱，然后火箭发射把他们送入茫茫空间。宇航员们是去探索一个崭新的领域，而我则开始去追求一个新的梦想。

我知道我的心愿——作一名宇航员，我想在浩瀚的空间飞行。但我还没有入选资格——没有大学文凭，也没有通过飞行员的考试。更糟的是，我才13岁！但这并不妨碍我的梦想。

我来自一个保守的采煤小镇，见识不广，和其他人一样，平凡普通。高中、大学毕业后我在离我出生地只有8英里远的地方当了一名教师，讲授自然科学。但我飞向太空的梦想却从来没有破灭过。新的英雄和新的载人宇宙飞行在电视上的露面和转播让我如醉如痴。我常常幻想自己就在其中的密闭小舱里飞向茫茫太空。也许……也许有一天会的。

但是一年又一年，现实告诉我飞向太空的梦想不会成真。于是作为教师的我开始激发我的学生们对太空探索的兴趣。也许因为我以我的梦想作激励，他们中会有一人飞向太空呢。

机会来了。1985 年那年年初，就像一道闪电，白宫宣布里根总统授意美国宇航局寻找一位普通美国公民参加空间往返飞行。总统进一步指定这位公民应是一名教师。我是名教师，我是名普通公民。这难道意味着我有资格？这会不会是完成我多年梦想的一次机会？

两周后，宇航局宣布所有对此有兴趣的教师必须去函领取申请表。而在当天我就致函华盛顿领申请表……我用的是特快专递！我在想别的教师也会有同样的梦想。

填报申请表是个漫长而费尽脑力的过程。即使是一个教师——习惯于出题而不是考试——填完这份 25 页的申请表也殊非易事。我没日没夜地琢磨哪些答案能受宇航局青睐。我仔细回答每个问题，似乎我的生命也与之相维系——我从没想到后来果然如此。

我把填完的申请表投入邮筒之后，才知道还有许许多多别的教师也怀着同样的心情。联邦宇航局共收到 43000 份申请，我有机会吗？

每天我都跑到邮箱去看一看我是否通过宇航局的审查。宇航局费了好几周的时间复审 11000 件递交的申请。可之后它来了……一封左上角署有 NASA（国家航空和宇航局）标识的公函。我等了如此之久，现在它终于来了。我不敢打开，要是坏消息怎么办？我一边急切地读信，一边祈祷这是个好消息。

我的祈祷灵验了！我过了第一关！宇航局想进一步了解我的情况。我的自信心大增，我的家庭，我的学生，还有我周围的人都极力支持我。这一切都是真的！

接下来的几个星期，宇航局让我接受了一系列的体质和心理测试，这离我梦想的实现越来越近了。测试结束之后就是漫长的等待和祈祷。我现在已清楚地看到我的名字列入迪克·司科比、朱迪·罗斯尼克、米歇尔·史密斯等其他被选派参加“挑战者”号飞行的宇航员之后。

这每一步，我都和我的学生、我的家庭，还有我周围的人们共享其中的酸甜苦辣。我离入选目标越近，就会有越多的人和我一起兴奋。大家都认为我可以使这个 2000 人的小地方闻名遐迩。我的梦想也就成了他们的梦想，我不能让他们失望。

我终于等到了期待许久的通知。宇航局告知我已入选参加肯尼迪空间中心的特殊宇航培训。这是能被选中的最后一步！我愈发自信，好像我将是进入空间的第一名教师。

从 11000 名怀有同样梦想的申请者中选出的不到 100 名优秀的男女公民，同聚肯尼迪，接受最后的检查。我们之中只有一人才能圆梦。应该是我——因为这不仅是我自己的梦想，也是我的家人、学生和周围人的心愿。

遴选之时气氛友好但竞争激烈。我们从不知道宇航局什么时候会测度和评定，所以时时刻刻丝毫不敢懈怠。对我们而言，最微不足道的任务也成了竞争性极强的挑战。飞行模拟试验、幽闭恐怖测验、敏捷测试等等都是用来决定我们之中谁能人选，能是谁呢？上帝啊，选中我吧！我祈祷着，我都快想疯了！

培训结束之后，我们互道再见，祝彼此好运，之后就是最后的等待。参加最后选拔的经历是一般人难以体味的。我们同舟共济，互爱互助，但都从心底祈祷能入选参加“挑战者”号的太空飞行。我敢保证没有谁能比我更迫切地祈祷梦想能够成真。我们各自回家，开始了耐心的等待。

可传来了令我泄气之极的消息。我落选了。宇航局选定了新罕布什尔州康克德的克瑞斯塔·迈克奥利弗。我一生的梦幻破灭了。

我的欣快之情一变而为沮丧、气馁和怨愤，我向一切发问：“为什么上帝这么不公平？我哪儿不够格？为什么生活这样沉重地打击我？我将如何面对我的家人、学生和周围的人？为什么我功亏一篑？”

我像小时候那样回到家里抚慰伤痛。我把这个坏消息告诉给父亲，他慈爱地望着我说：“任何事情的发生，都自有其原因。，’

但这又有什么帮助？我梦幻破灭，心如死灰，可父亲他那么冷静、若无其事。他为什么不能做得再好点？他为什么不能解脱我的苦痛？我真不能理解。

1986年1月28日，星期二。25年来我做梦都在期盼这一天的到来。我和我的学生、家人、周围的人们以及记者们——他们都曾投入过我那已破灭的梦幻——一起通过转播观看教师克瑞斯塔·迈克奥利弗的历史性飞行。我们都成了历史的见证人。“挑战者”号从发射台上升空，我最后一次心中涌起我的梦想：上帝，我竭尽全力，为什么我不能飞入太空？

73秒钟之后，上帝回答了我的全部问题，我的所有疑窦也都烟消云散。“挑战者”号在空中爆炸了。飞船上的全部人员包括克里斯塔·迈克奥利弗都遇难了。我父亲的话“任何事情的发生，都自有其原因。”蓦地袭入我脑中。无论我是多么梦寐以求、祈祷努力，然而最终没能入选只是因为冥冥之中注定要我还活在这个世上。我的生命应另有安排，我没有输，我是个赢家！我所得到的只是因为我已丧失掉了。

现在，我周游世界，向成人和年轻人宣讲生活的真正含义。“挑战者”号的经历使我的生活自此改变。苦痛和失落鼓励我去帮助人们从生活的诸般挑战中找寻到自己的力量。“挑战者”号发射失败，7个朋友的遇难，促使我为从失败中寻找激励自己奋进的因素而不懈努力。

焉知非福?

◘ 佚　名

1914 年 12 月，大发明家托马斯·爱迪生的实验室在一场大火中化为灰烬。损失超过 200 万美金，但事前却只投了 23.8 万的保险，因为实验室是钢筋混凝土结构，按理说应是防火的。那个晚上，爱迪生一生的心血成果在蔚为壮观的大火中付之一炬了。

大火最凶的当儿，爱迪生 24 岁的儿子查里斯在浓烟和废墟中发疯似地寻找他父亲。他最终找到了：爱迪生平静地看着火势，他的脸在火光摇曳中闪亮，他的白发在寒风中飘动着。

“我真为他难过，”查里斯后来写道。“他都 67 岁——不再年轻了——可眼下这一切都付诸东流了。他看到我就嚷道：‘查里斯，你母亲去哪儿了？去，快去把她找来，她这辈子恐怕再也见不着这样的场面了。”’

第二天早上，爱迪生看着一片废墟说道：“灾难自有它的价值。瞧，这不，我们以前所有的谬误过失都给大火烧了个一干二净，感谢上帝，这下我们又可以从头再来了。”

火灾刚过去 3 个星期，爱迪生就开始着手推出他的第一部留声机。

最好的消息

◎ 佚　名

阿根廷著名的高尔夫球手罗伯特·德·温森多有一次赢得一场锦标赛，领到支票后，他微笑着从记者的重围中出来，到停车场准备回俱乐部。这时候一个年轻的女子向她走来。她向温森多表示祝贺后又说她可怜的孩子病得很重——也许会死掉——而她却不知如何才能支付起昂贵的医药费和住院费。

温森多被她的讲述深深打动了。他二话没说，掏出笔在刚赢得的支票上飞快地鉴了名，然后塞给那个女子。

“这是这次比赛的奖金。祝可怜的孩子走运。”他说道。

一个星期后，温森多正在一家乡村俱乐部进午餐。一位职业高尔夫球联合会的官员走过来，问他一周前是不是遇到一位自称孩子病得很重的年轻的女子。

“停车场的孩子们告诉我的。”官员说。

温森多点了点头。

“哦，对你来说这是个坏消息，”官员说道。“那个女人是个骗子，她根本就没有什么病得很重的孩子。她甚至还没有结婚哩！温森多——你让人给骗了！我的朋友。”

“你是说根本就没有一个小孩子病得快死了？”

“是这样的，根本就没有。”官员答道。

温森多长吁了一口气。“这真是我一个星期来听到的最好的消息。”温森多说。

决不放弃努力

迈克尔·乔丹

关于恐惧

我从来不关心输掉一场大赛会有什么后果。为什么？因为当你顾及后果时，你总是想到消极悲观的一面。

有的人在失败的恐惧面前止步不前，因为看到别人的挫折甚至仅仅是不够圆满。他们或是担心前景不好，或是忧虑窘迫不堪。对我而言，此生若要成就一番事业，就必须敢做敢当。我会不避艰险，孜孜以求。悲观消极，怨天尤人，成就不了什么气候。决然前行，努力追寻，何必多虑！任何畏惧都是虚幻——你以为面前荆棘丛丛，实际上都是纸老虎。有的只是机遇，要你执着不懈，争取些许成功。即使到头来未能尽如人意，我起码不会思前想后，因为我毕竟有尝试的勇气。失败只是让我下次加倍努力罢了。

我的建议就是——乐观积极地思考，从失败中寻找动力。有时候，失败恰恰正使你向成功迈进了一步。譬如修车，一次次的尝试也许未能奏效，但越来越逼近答案。世界上的伟大发明都经历过成百上千次的挫折和失误才获成功。

我认为畏惧有时来自缺乏专注。如果我站在罚篮线上，脑中却想着有 1000 万观众在注视着我，我可能会手足无措。所以我努力设想自己是在一个再熟悉不过的地方，设想自己以前每次罚篮都未曾失手，这次也会同样发挥我训练有素的技术。不必担心结果如何，你知道自己不会失手。于是放松、投篮，出手之后一切就成定局，所以又何必顾虑重重。

说到做到

我对平时训练和正式比赛一视同仁，绝不厚此薄彼。因为你不能期望训练中的马马虎虎会给以后的比赛带来佳绩。然而确有许多人，临阵磨枪，说到做不到，这正是他们失败的原因。他们信誓旦旦要尽其所能，说得天花乱坠，做得也煞有介事。可一旦事到临头无可措手，他们就到处找借口推诿敷衍。然而要知道，成功的崎岖之路，困难和艰险对谁都是均等，不留情面的。

然而你不必因此踯躅不前。要是面前有一堵墙，不要折回头去放弃努力。要想办法爬过去，超越过去，即使撞倒它也不要回头！

对成功的渴求

詹姆斯·伊·科纳

很多年前，考古学家在发掘埃及古墓的时候，偶然在一片碎木下发现了一些植物种子。经过栽培，3000 年前的种子竟然生根发芽，茁壮生长！而芸芸众生——当他们尚未认识到自己的潜能时——难道会注定要在失败的阴影和绝望的幽暗中终其一生吗？难道我们心怀希望的种子，成功的渴求，就不能冲破逆境与不幸的铁甲吗？看一下合众社 1984 年 5 月 23 日播发的这个故事，你也许会从中有所启发。

玛丽·哥罗达小时候学不会阅读和写作，专家们断定她智力迟钝。青少年时期的哥罗达又得到一个绰号：“无可救药的家伙”，并被送去教养两年。可就在教养所这个禁闭之地，玛丽开始奋起学习。她每天伏案攻读 16 个小时。老天有眼，她终于拿到了高中毕业证书。

但厄运却接踵而至。离开教养所后她先是未婚先孕，两年后再次怀孕。接二连三的打击几乎摧毁了她好不容易才获得的阅读和写作能力。在父亲的帮助和支持下，玛丽重新振作，将所丧失的又追了回来。

在极度拮据的境况下，玛丽投身于慈善事业。最后靠微薄的收入，她收养了7个孩子。这期间她开始学习社区学校的课程，结业后她又考入奥班尼医学院。

1984年春，俄勒冈州。玛丽·哥罗达·路易斯——她现在已经结婚了——气度非凡地走入毕业典礼会堂。当她伸手接过那蕴含着她的自信与坚韧的证书时，没人能猜出玛丽心中的万千涟漪。这一纸证书向整个世界宣告：这里，在这个星球上一处不起眼的地方，站着一个敢于执着于遥远梦想的人，一个向整个世人昭示我们人类非凡卓绝的人——这里站着玛丽·哥罗达·路易斯：医学博士。

从不说他做不到

凯西·拉曼库萨

我的儿子琼尼降生时，他的双脚向上弯弯着，脚底靠在肚子上。我是第一次做妈妈，觉得这看起来很别扭，但并不知道这将意味着小琼尼先天双足畸形。医生向我们保证说经过治疗，小琼尼可以像常人一样走路，但像常人一样跑步的可能性则微乎其微。琼尼3岁之前一直在接受治疗，和支架、石膏模子打交道。经过按摩、推拿和锻炼，他的腿果然渐渐康复。七八岁的时候，他走路的样子已让人看不出他的腿有过毛病。

要是走得远一些，比如去游乐园或去参观植物园，小琼尼会抱怨双腿疲累酸疼。这时候我们会停下来休息一会，来点苏打汁或蛋卷冰淇淋，聊聊看到的和要去看的。我们并没告诉他他的腿为什么细弱酸痛；我们也不告诉他这是因为先天畸形。因为我们不对他说，所以他不知道。

邻居的小孩子们做游戏的时候总是跑过来跑过去。毫无疑问小琼尼看到他们玩就会马上加进去跑啊闹的。我们从不告诉他不能像别的孩子那样跑，我们从不说他和别的孩子不一样。因为我们不对他说，所以他不知道。

七年级的时候，琼尼决定参加跑步横穿全美的比赛。每天他和大伙一块训练。也许是意识到自己先天不如别人，他训练得比任何人都刻苦。虽然他跑得很努力，可是总落在队伍后面，但我们并没有告诉他为什么。我们没有对他说不要期望成功。训练队的前 7 名选手可以参加最后比赛，为学校拿分。我们没有告诉琼尼也许会落空，所以他不知道。

他坚持每天跑 4—5 英里。我永远不会忘记有一次，他发着高烧，但仍坚持训练。我一整天都为他担心。我盼着学校会打来电话让我去接他回家，但没有人给我打电话。

放学后我来到训练场地，心想我来的话，琼尼兴许就不参加晚上的训练了。但我发现他正一个人沿着长长的林荫道跑步呢。我在他身旁停下车，之后慢慢地驾着车跟在他身后。我问他感觉怎么样。“很好。”他说。还剩下最后两英里。他满脸是汗，眼睛因为发烧失去了光彩。然而他目不斜视，坚持着跑下来。我们从没有告诉他不能发着高烧去跑 4 英里的路，我们从没有这样对他说，所以他不知道。

两个星期后，在决赛前的 3 天，长跑队的名次被确定下来。琼尼是第六名，他成功了。他才是个七年级生，而其余的人都是八年级生。我们从没有告诉他不要去期望入选，我们从没有对他说他不会成功。是的，从没说起过……所以他不知道，但他却做到了！

4000 美元的故事

克劳德特·亨特

女儿简娜读高三时获得作为交换学生到德国学习的资格。我为女儿能有这样的学习机会感到高兴。但不久负责交换学生的组织通知我们须缴纳 4000 美元的费用，6 月 5 日之前交上，离现在只有 2 个月的时间。

那时我已离婚，带着 3 个孩子生活。筹集 4000 美元简直无从下手。我收入微薄，手头拮据，没有积蓄，没有贷款的信用，也没有亲戚能借我钱。那当儿我感到非常无助，好像要我去筹集 400 万美元似的。

幸运的是那时我刚参加了杰克·坎菲尔在洛杉矶举办的一个“自尊研习班”。我从中学到了 3 样东西：第一，要想得到什么，那就得张口；第二，要想得到什么，那就得下点决心；第三，要想得到什么，还要采取行动。

我决定把这3条原则付诸实施。首先，我写了这么一个表示决心的字条：“6月1日之前愉快地筹集到4000美金供简娜赴德之用”。我把它贴到浴室的镜子上，又复印了一份放到钱包里，以便每天都能看到。我还填了一张（空头的）4000美金的支票放到汽车仪表板上（我每天开车的时间很长，这样的提醒很是醒目）。我又拍摄了一张百元面值的钞票，放大之后贴在简娜床头的天花板上，这样她每天从睁开眼到睡觉之前都能看到它。

简娜15岁了，是个典型的南加州的少年。她对如此种种近乎荒诞的想法无动于衷。我向她和盘托出这一切的缘由并建议她也写上一份表示决心的誓书。

现在我的决心已经明确，需要采取行动，向人张口了。我一向自给自足，不依附别人，不向别人伸手。所以对我来说，张口向所认识的亲朋好友要钱已属不易，更何况向陌生人相求呢！但我决定做一下，于我又有何损？

我做了一张传单，上附简娜的照片和她为何想赴德学习的陈述。底部留一附单，人们可以撕下来连同汇款一起在元月一号前寄还我们，我请求5、20、50或100美元的赞助。我甚至留下一空行，以便赞助者自行填写赞助金额。然后我把这些传单寄给每一位亲朋好友甚至是点头之交的人。我还寄给我工作的办公室、地方报纸和广播电台几份。我查询了本地30家服务机构的地址，也给他们邮了些。我甚至给航空公司去信请求他们让简娜免费乘机赴德国。报纸没有刊文帮我呼吁，电台无动于衷，航空公司也回绝了我的请求。但我继续求助，继续发我们的传单。简娜开始梦想意外之财了。随后的几个星期，我们开始收到资助了。第一笔5美元，最大的一份馈赠是亲朋好友的800美元。大多数是20~50美元，有的是认识人寄来的，有的则来自素昧平生的人。

简娜对这种构思着迷起来，她开始相信这能使她如愿以偿。有一天她问我："你认为用类似的做法能让我考到驾驶执照吗？"我保证说可以。她试了试，果然拿到了驾驶执照。到6月1日时，我们竟收到了3750美元。真让人激动不已。然而尽管不错，对还差的250美元如何筹措，我还是一筹莫展。6月5日之前还得想法弄到这250美元。6月3日那天，电话铃响了，是镇上一家服务机构的女士打来的。她说："我知道我已过了最后期限，现在是不是晚了点？"

我回答道："不晚。"

"那好。我们真想帮帮简娜。但只能给她250美元。"

总共加起来有两家机构和23名资助者使简娜梦想成真。在德国的1年中，她给他们去过好几次信谈她的经历。回国后简娜还在那两家机构作了次演讲。对简娜来讲，从9月到5月在德国沃尔森的交换学生的生活是一段美好的经历。这拓宽了她的视野，使她对世界和人类有了新的理解。从那以后她在欧洲漫游，在西班牙工作了一个夏季，又在德国工作了一个夏季。她以优异成绩大学毕业，作为美国服务志愿队在佛蒙特的一家艾滋病防治机构工作了两年，现在正在攻读公共健康管理的硕士。

简娜赴德后一年，我重新寻觅到一生所爱，还是用的那3种方法。我们是在一次“自尊研究会”上相遇的，结婚后又参加了“夫妻研习班”，之后的7年里我们到各州旅行和长驻，其中有阿拉斯加州。我们还在沙特阿拉伯住过3年，现在我们住在亚洲。

像简娜一样，我开阔了眼界，生活也变得丰富多彩。这一切归功于我学会了对所想得到或成就的物和事，要一张口、二下决心、三采取行动。

上帝的工作

戴妮·撒顿

主日学校的三年级教师布置作文，让他的学生们解释上帝，8岁的戴妮·撒顿这样写道：

上帝的第一个主要任务是造人。有人死了，他就在那个位置上再造一个，这样，地球上就有足够的人来照料他们的事情。上帝不造大人，他只造小娃娃。我想这是因为小娃娃小，容易造。同样他也不会占用他的宝贵时间来教他们学走路和学说话。他把这些任务都交给爸爸和妈妈。我觉得这么做非常好。

上帝的第二个重要任务是听祈祷。祈祷可真多：有的人，比如牧师，除了睡觉之前祈祷外，别的时间也祈祷；爷爷奶奶每顿饭前都要祈祷，吃快餐的时候不祈祷。因此，上帝没有时间去听收音机或看电视。上帝听得到任何声音，他肯定觉得都要吵死了，除非他想出什么法来把耳朵关掉。

上帝什么都看，什么都听，哪里都去，他肯定忙坏了。所以你不要去问他不重要的问题来浪费他的时间，也不要缠着父母去要那些你不能得到的东西，那会白废劲儿的。

一席话的智慧

◎ 弗·约翰　弗·德马蒂尼

一个人，在适当的时候和地方能因一句话而改变他一生，你对此感到诧异吗？但这的确发生在我的生活中。14 岁那年，我搭便车离开得克萨斯的休斯敦，经由爱坡索到加利福尼亚去。我在追寻着我的梦想，头顶艳阳，到处漂泊。我因学习差劲儿被中学开除，随即置身于江湖风波的浪尖，先到加州，后又来到夏威夷，我后来就在夏威夷住下了。

快到爱坡索城区的时候，我在街道拐角碰到一个老头，是个讨饭的。他看我行色匆匆，就叫我停下来向我发问。他问我是不是从家里偷跑出来的。我猜想他这么问是因为我太嫩了。我告诉他说根本不是的，因为是爸爸开车把我送到休斯敦的高速公路上，爸爸还为我祈祷说："儿子，追逐你的梦想和憧憬非常重要。"

那个乞丐说要为我买杯咖啡，我说："不，先生，我想来点苏打水。"我们走到拐角处的啤酒店，坐在一对转椅上，喝着饮料。

聊了几分钟之后，这个友善的乞丐要我跟着他，说他有重要的东西要给我看并与我一同分享。我们穿过几个街区来到爱坡索市立图书馆。我们拾级而入，在一处咨询台前停下。老乞丐问那里的一个笑眯眯的老太太，能否让我俩进去看一下。我放下行李，走进了这个庄严的知识殿堂。

老乞丐先把我领到一个座椅旁，让我稍等片刻，他要在书架中找那些特别的东西。不多会儿，他怀里抱着几本旧书回来了。他把旧书放到桌子上，在我身边坐下来开始发话。起头的几句意义非凡的话改变了我的生活，他说道："我要教你两件事，小伙子，它们是：

第一，切记不要从封面判断一本书的好坏，因为封面会蒙骗人。"

他接着说："我敢打赌你认为我是个叫花子，是不是，小伙子？"

我说："嗯，是的，我猜你是的，先生。"

"嗯，小伙子，我想你会大吃一惊的，我是世界上最有钱的人。人们想要的任何东西我都有。我原来在东北，什么也不缺。但一年后，我妻子死了——上帝保佑她的在天之灵——自那之后我开始沉思反省生活的意义。我认识到生活中的许多东西我还都没有体验，比如做一个沿街乞讨的叫花子。我于是决定做上一年叫花子。过去的一年里，我从一个城市流浪到另外一个城市，到处乞讨。所以，嘿，不要以貌取人，那会受骗的。

“第二是学会如何读书，小伙子。因为只有一种东西别人无法从你身上拿去，那就是智慧。”

说到这，他伸出手握住我的右手，把刚从架上抽出的书放到我手上。那是柏拉图和亚里士多德的著作——从古到今的不朽经典。

老乞丐领着我经过过道那位笑容可掬的老太太，走下楼梯，回到我们第一次见面的路上。临别时，他叮嘱我永远不要忘记他的教导。

我会永远铭记心中。

天堂和地狱的秘密

◘ 约翰·W·格劳夫杰

一老僧坐在路旁，双目紧阖，盘着双腿，两手交握在衣襟之下。他坐在那里，陷于沉思。

突然，他的冥思被打断。打断他的是武士嘶哑而恳求的声音："老头！告诉我什么是天堂，什么是地狱！"

开始老僧木无反应，好像什么也没听到。但渐渐地他睁开双眼，嘴角露出一丝微笑。武士站在旁边，迫不及待，有如热锅之上的蚂蚁。

"你想知道天堂和地狱的秘密？"老僧最后说道。"你这等粗野之人，手脚沾满污泥，头发蓬乱，胡须肮脏，剑上锈迹斑斑，一看就没有好好保管。你这等丑陋的家伙，你娘把你打扮得像个小丑，你还来问我天堂和地狱的秘密？"

武士恶狠狠地骂了一句。他拔出剑来，举到老僧头上。他满脸血红，血脉贲张，脖了上青筋暴露，就要拿下老僧项上人头。

利剑就要落下，老僧忽然轻轻说道：

“这就是地狱。”

刹时之间，武士惊谔不已，肃然起敬，对眼前这个敢以生命来教育他的瘦弱老僧充满怜悯和爱意。他的剑停在半空，他的眼中噙满感激的泪水。

“这就是天堂。”老僧说道。

偷饼贼

◎ 瓦洛尔·克克斯

某晚，有位妇女在机场候机，在起飞之前她还有好几个小时时间，她在机场商店里找到了一本书，买了一袋甜饼之后找个地方坐下。

她沉浸在书里，却无意中发现，那个坐在她旁边的男人，竟然如此无耻，从他们中间的袋子里抓起一两块甜饼，她试着回避这件事，避免大发脾气。

她读着书，使劲嚼着甜饼，看着钟点，当那个“偷饼贼”继续减少她的甜饼的时候。

时间一分一分过去，她越来越气愤，她想：“如果我不是这样宽容，我一定打得他鼻青脸肿！”她每拿一块甜饼，他也跟着拿一块。当只剩一块时，她猜测他会怎么做。他的脸上浮现出笑意，并且略带拘谨，他抓起了最后那块甜饼，把它分成了两半。他递给她半块，自己吃了另一半。她从他手中抢过半块饼，并且想到：“啊，天哪，这个家伙还真有点紧张，但是却很无礼，他为什么连感谢的话都不说一句?”她从没想到她已经变得十分刻薄，当她的航班通知登机时，她如释重负般松了口气，她收拾好自己的物品走向门口，拒绝回头再看一眼那个“偷窃而且忘恩负义的人”。

她登上飞机，坐到自己的座位，然后找寻她那本已经快看完了的书。当她把手伸进行李，她因意外而紧张得透不过气来。在她面前的是她那一袋甜饼！“如果这是我的，”她绝望地呻吟道，“那么另一包就是他的，而他却尽力与我分享!”太迟了，已经无法道歉，她是那样地难过，那个无礼、忘恩负义的偷饼贼，恰恰是自己!

活在当下

◎ 佚　名

一天早餐后，有人请佛陀拨空指点。佛陀邀他进入内室，耐心聆听此人滔滔不绝地谈论自己存疑的各种课题达数分钟之久，最后，佛陀举手，此人立即住口，想要知道佛陀要指点他什么。

“你吃了早餐吗？”佛陀问道。

这人点点头。

“你洗了早餐的碗吗？”佛陀再问。

这人又点点头，接着张口欲言。

佛陀在这人说话之前说道：“你有没有把碗晾干？”

“有的，有的，”此人不耐烦地回答，“现在你可以为我解惑了吗？”

“你已经有了答案。”佛陀回答，接着把他请出了门。

几天之后，这人终于明白了佛陀点拨的道理。佛陀是提醒他要把重点放在眼前——必须全神贯注于当下，因为这才是真正的要点。

活在当下是一种全身心地投入人生的生活方式。当你活在当下，而没有过去拖在你后面，也没有未来拉着你往前时，你全部的能量都集中在这一时刻，生命因此具有一种强烈的张力。这就是使生活丰富的惟一方式。除此之外的人们都是贫穷的。他们也许拥有世界上所有的钱，但他们是穷人。世界上有两种穷人——富有的穷人和没有钱的穷人。充实的感觉和对物质财富拥有的多少关系不大，它往往和你生活的方式、生活的品质、生命的喜乐、生命的诗性有关。而所有这些东西只有通过静心才可能感受到其中的深意。

“当下”给你一个深深地潜入生命水中，或是高高地飞进生命天空的机会。但是在两边都有危险——“过去”和“未来”是人类语言里最危险的两个词。生活在过去和未来之间的当下几乎就好像走在一条绳索上，在它的两边都有危险。

但是一旦你尝到了“当下”这个片刻的甜蜜，你就不会去顾虑那些危险；一旦你跟生命保持在同一步调，其他的就无关紧要了。

对我而言，生命就是一切。

油漆匠

佚名

有位太太请了位油漆匠到家里粉刷墙壁。油漆匠一走进门，看到她的丈夫双目失明，顿时流露出怜悯的目光。

可是男主人一向开朗乐观，所以油漆匠在那里工作几天，他们谈的很投机；油漆匠也从未提起男主人的缺憾。

工作完毕，油漆匠取出帐单，那位太太发现比谈妥的价钱打了一个很大的折扣。

她问油漆匠："怎么少算这么多？"

油漆匠回答说："我跟你先生在一起觉得很快乐，他对人生的态度，使我觉得自己的境况还不算最坏。所以减去的那一部分，算是我对他表示一点谢意，因为他使我不会把工作看得太苦！"

油漆匠对她丈夫的推崇，使她流下眼泪，因为这位慷慨的油漆匠，自己只有一只手。

态度就像磁铁，不论我们的思想是正面抑或是负面的，我们都受到它的牵引。而思想就像轮子一般，使我们朝一个特定的方向前进。

虽然我们无法改变人生，但我们可以改变人生观；虽然我们无法改变环境，但我们可以改变心境；我们无法调整环境来完全适应自己的生活，但我们可以调整态度来适应一切的环境。

谎言与诚实

◎佚　名

一位瞎眼的乞丐，每天带着一个小女孩站在街角，向过往的行人乞讨。

有位老妇人每天经过时，总会在乞丐的破碗中丢下几个铜板，日子久了，她和这对父女熟络起来。

老妇人有天驻足下来，和小女孩搭讪："小姑娘，旁边这位是你的父亲吗？"

小女孩回答："是的，夫人。"

老妇人怜悯道："真是可怜，他看不见吗？"

小女孩回答："是的，夫人，我父亲是个瞎子。"

老妇人继续问："唉，命运真是捉弄人，你父亲的眼睛是什么时候瞎的？"

小女孩天真地回答："每天早上9点整。"

人际交往中有一难题，就是对方是否“诚实”。苍颉造字时，预期每个人都是讲话算话，诚恳实在的，所以“人言为信”。但是，人心比万物诡诈，而且似乎是越来越诡诈。

但是，东方的“信用观”和西方人的谚语“诚实为上策”，真的都是过时的观念吗？就处世来看，诚实绝对是上策，因为诚实是迈向成功的最佳策略。

拥有像小孩一样单纯的信念，加上自己历练所得的精纯智慧，才能使你永远立于不败之地。并能以此为根基，一步一脚印地踏上成功坦途，不致被自己的脚步绊倒。

这世界上，没有能够永远瞒得住别人的谎言。谎言不被拆穿的惟一诀窍，就是永远诚实正直，对任何人，是就说是，不是就说不是，毋需指天誓地，只要你坚持，你就能拥有最好的影响力。

知更鸟的故事

◎佚　名

有一则真实的故事是这样的：著名宗教家约翰·伍尔曼童年时的某日到邻居家去，半路上看见一只知更鸟停在巢里，他走近探看，知更鸟飞了，可是小知更鸟留在巢里，发出声声哀鸣的大知更鸟在空中盘旋，他停下脚步，从地上拾起石子掷母鸟，结果其中一块石头击中母鸟，母鸟落地而死。

起初，他很兴奋，像是自己完成一项丰功伟业似的，然而当他看见地上的死鸟，有一种莫名的恐惧涌上心头，他发现自己因一种游戏的心态，杀死了一位正在抚育婴儿，而且天真无邪的动物妈妈，由于他的错误，小知更鸟因此失去慈母的照顾而待毙。约翰·伍尔曼一时之间难过不已，痛苦地自责之后，他爬上树，又将所有的小知更鸟杀死，他认为这样做比让它们活活饿死要好些。这时，他脑际浮现一句圣经上的格言：“邪恶者的慈悲，是残酷的。”他发觉自己为了掩饰罪恶，竟又无知地犯下了另一桩不可原谅的过失。后来，他选择了宗教事业，一生从事慈善助人的工作。

这是一个很令人深思的故事，应验了西谚“无知是一种罪恶”的道理，如果约翰·伍尔曼在造成错误之后，能够明智地选择将小鸟妥善照顾，或送往鸟店，或送给熟悉养鸟的人饲养，就不会发生如此悲剧，造成遗憾。人常在造成错误之后，为了弥补已发生的错误而造成另一项不可原谅的错误。

从这个故事可知，处理事情绝不可单凭一相情愿的好恶喜怒，更不能罔顾大局加以即兴抒发，想想知更鸟的遭遇，它的家庭和子女都毁在一个不知自己到底做了什么的顽童手上；顽童虽然受到良心自责，后来用一生的关怀慈悲去赎罪，但无辜的知更鸟被捕杀，却仍是一个永难抹灭的遗憾。

老鹰与小鸡

◎佚　名

很久很久以前，在那第一高峰的山巅，有个鹰巢。一阵强风刮来，把一颗蛋吹落了巢，使它滚下山谷，最后掉在养鸡场里。

母鸡看到这颗小鹰蛋，就说："这真是颗怪鸡蛋，但我会孵它，使它成为我的小鸡！"母鸡坐在蛋上，直到它孵化，但破壳而出的，却是只大嘴、大脚和大翅膀的小东西。母鸡看着它说："长得多滑稽的小鸡啊，但你依旧可以当我的孩子。"尽管它生来便有老鹰的基因和染色体，但却生在鸡群中，因此，自以为是只鸡，不仅走路像鸡、叫声像鸡、思考像鸡，做梦也像鸡。而它最大的"鸡"梦，便是有朝一日，能飞上篱笆，像只公鸡般地啼叫。它认为，只有这么做，其他鸡才不会因自己的长相与众不同，而加以嘲笑。

可是，每当它做这个梦时，便会对自己说："你知道，你是永远也上不了篱笆的！你知道，它们总告诉你，鸡是不能飞的！"因此，它连试都不试，就干脆放弃。

有一天，当它站在谷仓的空地上时，竟抬头望到前所未见的壮观景象。它看到一只鹰威风凛凛地飞过天空，犹如空中帝王般。它诧异不已，因而声嘶力竭地大叫道："你是谁？你是谁？"听觉灵敏、目光锐利的大老鹰看到它，便立刻飞下来说："我是谁？那你又是谁？"它回答："我是只鸡。"大老鹰直视着它的眼睛说："瞧瞧我的脸，你看起来就像我！瞧瞧我的嘴，你看起来就像我！瞧瞧我的翼，你看起来就像我！朋友，你不是只鸡，你是只鹰！快拍拍翅膀，如天生的鹰般飞翔。"

于是，它拍拍翅膀……竟飞了起来，并直入云霄！

有时，那路看似永无止境，但任何事，即使是艰苦与逆境，都有结束的一天。而在这不幸与苦难的黑暗中，将萌生彻底扭转和蜕变的种子，就如自灰烬中再生的火凤凰。第一步或许看似微不足道，但这一小步却会带来丰富的报偿。在那艰难的时刻里，往往会孕育了美好的胜利与转机。

每个人的生命中，都有决定性的时刻，也就是那改变我们生活重心的时刻。有人说，我们在那些时刻里，决定了自身的命运。尽管如此，仍有许多人因为不安，而放弃或逃避这些时刻。决定性的一刻天生就令人不安，但成长也同样痛苦，而改变更令人焦虑，但它们却是日常生活的一部分。那些决定性的时刻，也正是造就赢家的时刻。

我们都曾有改变，或影响人生方向的决定性时刻，但唯有在它真正造就个人的观念与性格时，才算是决定性的一刻。事实上，造就它们的，并非那一刻，而是我们对那一刻的反应。朋友，你生来不是要当小鸡，而是要做只鹰的，因此，就像天生的鹰般展翅高飞吧！

大树与啄木鸟

佚　名

一棵长得高大挺拔的树，非常欣赏自己的身材，并引以为傲。

有一天，来了一只啄木鸟，停在树上，它听到树干里有许多小虫啃噬的杂音。啄木鸟便用长嘴在树干上啄一个洞，准备将虫一一吃掉。

但是这棵大树非常生气，它不能忍受美丽的枝干被破坏成一个一个的洞，因此，大树开口责骂啄木鸟并把它赶走。

于是小虫在树干里长大并生了更多的小虫，它们不断地啃噬着树干，逐渐把它吃空了。

有一天，刮起一阵强风，这棵大树拦腰折断了。

生命中的一些雕琢，似乎使我们非常不畅快，但这些雕琢却对我们未来的生活产生巨大的帮助。生活所给予你的苦难，是要让你成就更大的事情，既然这是生命的一个过程，就以一颗喜悦的心来接受吧！

无钱无友

◎佚　名

一位轻率鲁莽的青年，虽然继承了一大笔遗产，但在几个酒肉朋友的怂恿下，今日请客，明日送礼，不久便把遗产挥霍一空，变成了一个一文不名的穷光蛋。而最使他不堪忍受的是他的那些朋友纷纷悄然离去。

青年无法，便去请教智者：“我花光了钱，失去了朋友，今后可怎么活啊？”

智者说：“不用忧愁，事情总会好起来的。忍耐吧，幸福就会回到你的身边。”

青年兴奋地说：“你是说我会重新发财？”

智者说：“不，不，不是这个意思。我是说你会习惯这无钱无友的生活！”

和许多朋友一起喝酒、聊天，是人生一大乐事，然而，在你的众多朋友之中，有称得上是“知心朋友”的吗？当你有苦恼时，是否能将这些苦恼向朋友倾诉呢？

如果没有知心朋友，即使拥有再多的朋友，也等于没有。交友之道不在数量的多寡，而是要看彼此能否以诚相待。

人是无法单独生存的，当你喜悦或痛苦时，都希望能有人与你分享。虽然你的身边不乏亲密的朋友，但要找到一个真正的知己可能并不容易。

拥有一个知心朋友，对人而言，是一生中最宝贵的资产。

生活优裕时，身旁常会围绕着许多朋友，但他们感兴趣的不是你，而是你的钱袋。一旦你遇到困难，他们便会突然消失得无影无踪了。

因此，对那些在你生活优裕时，才来接近你的人，一定要特别留意，以免他在你有困难的时候扯你的后腿。

人在境遇顺利时，常会因得意忘形而疏忽身旁的人是否都是真心实意地想与他为友，所以，人在春风得意时更应冷静地对周围的人和事加以判断。

走进星星的世界

◎佚　名

在美国，一位军官接到命令，要他一个人前往靠近沙漠的地方驻防。那里的生活条件很差，这位军官不想让新婚的娇妻跟随他一起吃苦。但是妻子一定要跟他去。他们在靠近印地安人村落的地方找了一间栖身的小木屋，这里白天酷热难耐，风一年到头吹个不停；更要命的是旁边住的都是不懂英语的印地安人，双方无法交流。日子一长，妻子觉得极其无聊。一次，乘丈夫外出参加部队演习，她给母亲写信，诉说苦处，并说她要回家。

母亲很快回信了，意味深长地告诉女儿："有两个囚犯从狱中望窗外，一个看到的是泥巴，一个看到的是星星。"寂寞的新娘并不愿意撇下自己的丈夫，想了想，她对自己说："那我就去寻找那星星吧。"从此她改变了以往的生活方式，走出屋外，与周围的印地安人交朋友，并请他们教她织东西和制陶。开始，印地安人对她并不很友好，可经过一段时间后发现她的确待人和善，他们也以诚相待。她因此迷上了印地安文化，不仅如此，还开始研究起沙漠，最后成了一名沙漠专家，写了一本有关沙漠的专著。“走进星星的世界！”许多年后，这位妻子回想往事，仍非常动情。确实，她的生命之所以在寂寞中得到充实和升华，没有成为一个无所成就的“怨妇”，就因为她走进了“星星”的世界。

在有些生活圈子中，人们在其中发展形成了自己的文化体系，这种文化体系是与其他文化体系相抵触的。这样，跨文化问题的基本原则，也就成为了人际关系和心理冲突发展过程的原则：因此，它也成为人们交往中需要解决的一个问题。

当人们走出自己的生活空间，接触到其他文化圈子中的人们时，往往用自身已形成的那些观念去理解他们。人们会由于想像那些人落后、天真、野蛮而批评、谴责、嘲笑他们，或者对他们漠不关心。

在跨文化中，人们会涉及到许多观念、规范、价值观、行为方式、兴趣，以及在一种文化中被认为是正当而在其他的文化中却不被接受的观点。

在私人生活、工作和政治中，克服跨文化的困难，在今天显得越来越重要了。随着社会的发展，解决跨文化差异的问题，将成为人们面临的主要任务之一。过去，不同文化圈子中的人往往由于相互之间距离很大，只是在不寻常的情况下才有些接触。而现在，科学技术的进步大大地增加了人们互相接触的机会。而这种认同与融合也成为世界发展的一种趋势。

停顿的领悟

◎佚　名

我们常听人说："在人生的旅途上，别忘了驻足片刻，欣赏路边绽放的玫瑰。"但现代人忙碌得如陀螺打转，又有多少人曾放慢脚步，注意身旁美好的事物呢？我们脑里装的尽是排得密密麻麻的行程表，整日为工作烦心，还要被乌烟瘴气的交通搞得头顶冒烟，在这种情况下，我们几乎忘了身旁还有他人存在。

最糟糕的是，我也是属于这类庸庸碌碌、对生活失去敏感度的人，特别是在拥挤的街道上开车时更是如此。然而前一阵子我在街上目睹了一件事，霎时让我了解，在我封闭的世界外，原来有这么广阔的一片天地。

那天我开车赶赴一个会议，一路上我一直在构思发言的内容。当我开到一个交通繁忙的十字路口时，红灯突然转亮。我心想："没关系，待会儿速度加快点，就不会再碰到红灯了。"

就在我心浮气躁地加足马力，准备绿灯一亮就冲出去时，路旁一幅景象突然吸引了我的视线。一对双眼失明的年轻夫妇手挽着手，准备穿越这个车辆川流不息的路口。先生手上还牵了个小男孩，少妇背后则背了个婴儿，他们拿着白色拐杖一步一步探着，小心翼翼地往前走。

初见这一幕我十分感动。在所有的残疾中，我总觉得失明是最不幸的，失明真是一大惨事，我不禁为自己庆幸着。就在此时，我见到了这家人离开了人行道，往路口中心的方向移动。对面的来车随时会将他们撞倒，但他们对自己所遇到的危险情况却浑然不知，我坐在车上替他们捏了一把冷汗，万一哪个司机闪避不及……

就当这一幕在我眼前发生时（我有全场最佳的视野），我见到了一件令人不敢置信的事：从四面八方开来的每辆车，都不约而同地停了下来。没有人鸣按喇叭表示不耐，也没有人火冒三丈地大叫："滚开，别挡路！"在这一刻，似乎一切都为这家人而静止。

我睁大眼睛，转头望望身旁的车辆，发现里面的驾驶员也都瞪大眼睛看着这一家人。突然我右边的驾驶员将头探出车外，对着他们大喊："往右走，往右走！"其他的人受了他的感染，也都跟着叫："往右，往右！"

这家人开始一步一步地调整自己的方向，在拐杖的扶持和众人的指示下，最后终于平安无事地到达路口的另一边。这时，他们仍是紧紧地手携着手，这一点带给我莫名的悸动。

我注意到这对夫妻脸上并无惊魂未定的表情，可见他们并不知道刚才的情况有多危急，然而目睹到这一幕的驾驶员们，都如释重负般地松了一口气。

最先见义勇为的那位先生转过头，隔着车窗对我说：“刚才好险呀！”而我左边车道的女士只说了一句：“真是不可思议。”显然所有的人都被这个偶发事件所感动，平时大家开车都是争先恐后，但遇到需要帮助的人，人们仍是会表现出人性善良的一面。

我后来常回想起这件事，同时也从中领悟了许多。我得到的第一个启示便是先前提过的“放慢脚步，关怀四周”（这是我以前常忽略的一点）。多抽点时间，仔细地瞧瞧身旁的人、事、物，也许你从某些细节里所得到的体会，能让你的人生全部改观。

我领悟到的第二件事是，不管眼前有多大的阻碍，只要我们坚定信心，信任正确的引导，就能达到预定的目标。

这对失明夫妻的目标只是想穿过路口，而他们身旁却有着川流不息的车辆。但在毫无畏惧及怀疑的情况下，他们还是一步一步地到达了对街。

其实在我们的人生道路上，同样有相当多的艰险困难；我们若能信任自己的直觉，并接受“明眼人”的指导，自然能稳当地走到目的地。

将人生复杂化的我们，是当局者迷，看不清自己的作为。生活越复杂，越需要专注，可是出入意料的是，此时我们反而更加迷茫，常常失去判断力，比较容易犯错，于是再添迷茫，形成恶性循环。

不论是否自知迷茫，在这当口，我们完全使不上力，于是变得更霸道，最后（或立即）每况愈下。此时该停下来、清点内心、深呼吸几次、休息、听取他人意见、重新整理。

有时候我们就是需要如此，跳脱周围烦乱的世界，暂时让它自身边嘤嘤而过。记住，停顿是前进的动力。

曹源一滴水

◎佚　名

日本明治初期，京都曹源寺有一位高僧叫做仪山。仪山和尚收了一个徒弟叫做“滴水”，这位“滴水''在仪山和尚熏陶之下，后来也成为日本有名的高僧。

有一天，仪山和尚要洗澡。

这时候，他发现浴池里面的水，烧得太烫，无法进去，他就唤来一个还在修行中的小和尚：

“太烫了，提一些冷水来冲一下。”

小和尚提了附近的水桶，想去提水，发现桶底留了一点水。

他把桶底的水倒掉后，想去提满新的水。

“你干什么?”

仪山和尚骂了一声。

那个小和尚，不晓得仪山和尚在骂什么，愣在那里不知如何是好。

当他打算走开，仪山和尚又大喝一声："你把水倒到哪里了？"

小和尚答道：

"我把它倒在院子里了。"

"真蠢！一滴水也珍贵无比呀，岂可浪费？你为什么不把它浇在树根？"

小和尚一连挨了两次骂，只有垂头承受的份，不过，他在心里有了悟道的欣喜——他发现"一滴水也有它的珍贵意义"这个真理。后来，他就为自己起了个名字，叫做"滴水"。

这件事，终生支配了这位和尚的心灵。由于他懂得从师父的斥骂中发现真理，所以，在佛教界成为跟仪山大师齐名的高僧，在很多信徒的心中，留下了深深的痕迹。

晚年，他写了这样一句话：

曹源一滴七十余年，

受用无尽盖地盖天。

在生活中，我们往往忽略了一些非常微小的事物，对它们的价值视而不见。这使得我们难以敞开高傲的心，以谦卑开放的心灵看待世界。如此一来，我们眼中的世界将是不完整的。正所谓一滴水也有它的价值，学会珍惜微小的事物，体悟到它们的价值，正是对心灵的一种提升和超越。

水桶的故事

◎佚　名

一位挑水夫，有两个水桶，分别吊在扁担的两头，其中一个水桶有裂缝，另一个则完好无缺。在每趟长途的挑运之后，完好无缺的水桶，总是能将满满一桶水从溪边送到主人家中，但是有裂缝的水桶到达主人家时，却只剩下半桶水。

两年来，挑水夫就这样每天挑一桶半的水到主人家。当然好水桶对自己能够送满整桶水很感自豪。破水桶呢？对于自己的缺陷则非常羞愧，它为自己只能负起责任的一半，感到非常难过。饱尝了两年失败的苦楚，它终于忍不住，在小溪旁对挑水夫说："我很惭愧，必须向你道歉。""为什么呢？"挑水夫问道："你为什么觉得惭愧？"

"过去两年，因为水从我这边一路的漏，我只能送半桶水到你主人家，我的缺陷，使你做了全部的工，却只收到一半的成果。”破水桶说。挑水夫替破水桶感到难过，他蛮有爱心的说：“我们回主人家的路上，我要你留意路旁盛开的花朵。”

果真，他们走在山坡上，破水桶眼前一亮，看到缤纷的花朵，开满路的一旁，沐浴在温暖的阳光之下，这景象使它开心许多！但是，走到小路的尽头，它又难受了，因为一半的水又在路上漏掉了！破水桶再次向挑水夫道歉，挑水夫说：“你有没有注意到小路两旁，只有你的那一边有花，好水桶的那一边却没有开花呢？我明白你有缺陷，因此我善加利用，在你那边的路旁撒了花种，每回我从溪边回来，你就替我浇了一路花！”“两年来，这些美丽的花朵装饰了主人的餐桌。如果你不是这个样子，主人桌上也没有这么好看的花朵了！”

人就如同平凡的淤泥般诞生在世界上，但人们内在也蕴藏着一朵莲花——只不过它还是一颗种子罢了。但是人不应该因此而否认他存在的价值，他必须去接受并且蜕变自己的存在。这个世界不应该被拒绝，因为它的内在蕴含着某些优美无比的东西。那些东西并不存在于表面，它们必须被带到表面上来。

舍　得

佚　名

这是一个有关一位流浪汉的波斯神秘主义的故事。

这个流浪汉在看不见尽头的路上长途跋涉，他背上背着一大袋沉重的沙子，一根装满水的粗管子缠在他身上。他右手托着一块奇形怪状的石头，左手拿着一块大圆石头，脖子上用一根旧绳子吊着一块大磨盘，脚腕上系着一条生锈的铁链，铁链上拴着大铁球。他头上顶着一个已腐烂发臭的大南瓜。这个流浪汉一步一步吃力地走着，每走一步，脚上的铁链就发出哗哗的响声。他呻吟着，他抱怨他的命运如此艰难，他抱怨疲倦在不停地折磨着他。正当他在炎炎烈日下艰难行走时，迎面来了一位农夫。农夫问："喂，疲倦的流浪人，为什么你不将手里的石头扔掉呢？"

"我真蠢，"流浪汉明白了，"我以前怎么没想到呢？"他摔掉了石头，觉得轻了许多。

不久，他在路上又遇到一位农夫。农夫问他："告诉我，疲倦的先生，你为什么不把头上的烂南瓜扔了呢？你为什么要拖着那么重的铁链子呢？"

流浪汉答道："我很高兴你能给我指出来。我没认识到我在做什么事。"他解开脚上的铁链子，把头上的烂南瓜扔到路边摔得稀烂。他又觉得轻了许多。但随着他继续往前走，他又感到了步履的艰难。

又有一位农夫从田里走来，见到流浪汉十分惊异："啊，先生，你扛了一口袋沙子.可一路上有的是沙子；你带了一根大水管，好像要去穿越卡维尔大沙漠，可你瞧，路旁就有一条清澈的小溪，它已伴随着你走了很长一段了。"听到这些话，流浪汉又解下了大水管，倒掉了里面已经变了味的水。然后把口袋里的沙子倒进一个洞里。他站在路上，看着落日沉思;，落日的余辉映照在他身上。突然他看到了脖子上挂着的磨盘，意识到正是这东西使他不能直起腰来走路。于是他解下磨盘，把它远远地扔进河里。他卸掉了所有负担，徘徊在傍晚凉爽的空气中，寻找住宿之处。

重大领悟往往发生在某人放下成见，用不同的观点看事情的那一刻。建立美好人生的过程也差不多；生命永远无法被充分讨论、彻底理解，只有实际活在个人的问题中，不断解开包袱、重整行囊，才有可能创造属于自己的生命。

解开包袱可以让我们发现新的部分，于是又有了崭新的自己。

不幸的是，在我们的成长过程中，很少有人学到重整行囊的知识和技巧。知道该带走什么，需要自觉；知道该放弃什么，需要训练。可是，一般而言这两者都是经由一连串的尝试和失败才可得来。如果没有技巧和方向，我们怎会知道该带多少东西上路？也就难怪有许多人因为带得太多而精疲力竭了。

一袋宝石

◎ 佚　名

一太早，太阳还没有出来，一个渔夫到了河边。在岸上他感觉到有什么东西在他的脚下，他低下头一看，原来是一小袋的石头。他捡起袋子，将渔网放在一旁，坐在岸边。他在等待黎明，以便开始一天的工作，他懒洋洋地从袋子里拿出一块石头丢进水里。没有其他事可做，他继续把石头一块一块地丢进水里。

慢慢地，太阳升起，大地重现光明，这时除了一块石头之外其他的石头都丢光了，最后一块石头在他的手里。当他借着白天的光看到了他手中所拿的东西时，他的心跳几乎都要停止了，那是一颗宝石！在黑暗中，他把整袋的宝石都丢光了！在不知不觉当中，他的损失不知道有多少！他充满懊悔，咒骂他自己，很伤心地哭得几乎失去理智。

他在无意间碰到的财富足够使他的生活好上几千倍，然而在不知不觉当中，在黑暗中，他又把它丢掉了。但是就某方面来讲，他还是幸运的：还有一颗宝石留下来，在他将那颗宝石丢掉之前，天已经亮了。一般来讲，大多数的人甚至还没有那么幸运。

周围一片漆黑，而时间又过得很快，太阳尚未升起我们就已经浪费掉所有生命中的宝石。生命是一个大的宝库，人类没有好好利用它，只是白白地将它浪费掉，等到我们知道了生命的重要性时，我们已经将时光消磨殆尽。生活的奥秘、快乐、自由——一切都丢尽了，而一个人的一生就这样过去了。

傲世轻物

◎ 佚　名

从前有一只蚂蚁，它力气很大，开天辟地以来，像这样的蚂蚁大力士还不曾有过，它能够毫不费力地背上两颗麦粒。若论勇敢，它的勇气也是前所未有的：它能像老虎钳似地一口咬住蛆虫，而且常常单枪匹马地和一只蜘蛛作战。它不久就在蚁穴之内声名大噪，蚂蚁们的话题几乎都离不了这位大力士。

后来，这只蚂蚁大力士的头脑里塞满颂扬的话，因此它一心想到城市里去一显身手，到城市里去博得大力士的名声。有一天，它爬上最大的干草车，坐在赶车人的身旁，像个大王似地进城去了。

然而，满腔热望的蚂蚁大力士在城里碰了一鼻子的灰！它以为人们会从四面，八方赶来，可是不然！它发觉大家根本不理会它：城里人个个忙着自己的事情。蚂蚁大力士找到一片树叶，在地上把树叶拖呀拖的，它机灵地翻筋斗，敏捷地跳跃，可是没有人瞧，也没有人注意。所以，当它尽其所能地耍过了武艺却无人关注后，便怨天尤人地说道：

“我觉得城里人都是糊涂和盲目的，难道是我不可理喻吗？我表现了种种武艺，怎么没有人给我以应得的重视呢？如果你上我们这儿来，我想你就会知道，我在全蚁穴是赫赫有名的。”

那天回家时，蚂蚁大力士就变得聪明些了。

聪明的蠢才就是这样没有自知之明，自以为名满天下，恍然大悟时才知道自己的名声仅仅限于蚁穴的范围而已。

自豪——一旦它与骄狂、偏见及狭隘同行，一旦它与同情、谦逊及友谊分手，就成了一种消极的品质。这种虚幻的自豪感是偏狭、傲慢和无知——对创造性生活的无知，对朴实、谦恭和果敢的无知。

人能通过积极思维和想像力找到自己的理想和目标。而妄自尊大意味着人只是在运用扭曲了的想像，这种充满谬误的想像伤害他人，同时也在无形之中伤害了自己。

妄自尊大的悲剧在于：它阻止人们达到完美和正直的高度。试问，你能在妄自尊大的同时怀有真正的自尊吗？不能！你能在妄自尊大的同时拥有对他人的理解吗？也不能！

真正的自豪感来自于对自己的理解，这是一种由成功和谦恭结合而成的幸福。

平易中的尊严

◎佚　名

有一次，亨利·福特到英格兰去。在机场问讯处他要找当地最便宜的旅馆。接待员看了看他——这是张著名的脸。全世界都知道亨利·福特。就在前一天，报纸上还有他的大幅照片说他要来了。现在他在这儿，穿着一件像他一样老的外套，要最便宜的旅馆。

所以接待员说："要是我没搞错的话，你就是亨利·福特先生。我记得很清楚，我看到过你的照片。"

那人说："是的。"

这使接待员非常疑惑，他说："你穿着一件看起来像你一样老的外套，要最便宜的旅馆。我也曾见过你的儿子上这儿来，他总是询问最好的旅馆，他穿的是最好的衣服。"

亨利·福特说："是啊，我儿子是好出风头的，他还没适应生活。对我而言没必要住在昂贵的旅馆里，我在哪儿都是亨利·福特。即便是住在最便宜的旅馆里我也是亨利·福特，这没什么两样。这件外套，是的，这是我父亲的——但这没有关系，我不需要新衣服。我是亨利·福特，不管我穿什么样的衣服，即使我赤裸裸地站着，我也是亨利·福特，这根本没关系。”

你是否观察过你自己？你总是力图显示你的智慧，总是在寻找一个受害者，你可向他显示你的智慧的受害者，你找啊，找啊，找比你弱的人——然后你就欣然加入，你会显示你的智慧。

莫为夸耀自己的长处而去形容人家的短处，也可以说，凡事须为人留颜面，莫使他人因此而丢脸。

人多少都有点自我主义，这可说是人性的缺点之一。喜欢炫耀自己的长处，甚至提起他人的短处加虐于别人以自娱。人类实在是残忍的动物。

自己的优点固然值得自傲，但自傲应仅止于自傲，切勿起炫耀之心，而对于他人的短处却应视若无睹。

过度的自傲，只会引起他人的憎恶。

“如果没有那种习惯，他会是一个很有魅力的人”。许多人常会这样为好以己长形人之短的人叹息。

人性中的确存在傲慢的本质，但应适可而止，否则只会为人所厌恶，永远无法得到他人的敬重。

以自我为中心

◎佚　名

一名教徒来到了先知面前，问道：“地狱在哪儿？天堂又在哪儿？”先知没有回答他，而是拉着他的手，领着他穿过了一个黑暗的地道，打开了一扇铁门，走进一间挤满了人的大屋。屋子当中，在一个熊熊燃烧着的火堆上，吊着一个大汤锅，锅里的汤飘散着令人垂涎的香味。汤锅的周围，挤满了面黄肌瘦的人们。他们互不相让，都想得到锅里的汤。他们每个人手里都拿着一个好几尺长的大汤勺。勺子舀汤的一端是铁碗，勺把则是木制的，免得烫手。这些饥饿的人们围着汤锅贪婪地舀着。由于汤勺的柄非常长，一勺汤又非常重，即使是身强力壮的人也不可能把汤喝进自己嘴里。而不得要领的那些人，不仅烫了自己的胳膊和脸，还把身边的人也烫伤了。于是，他们互相责骂，进而大打出手。先知对教徒说：“这就是地狱！”然后，他们离开了这间屋子，很快就再也听不到身后可怕的叫声了。他们在一条黑暗的过道里走了好…一阵子，来到了另一间屋子。同前面一样，屋子中间有一个热汤锅，许多人围坐在旁边。每个人手里都拿着长柄汤勺，跟刚才在地狱里看到的一样。但是，这里的人很有教养，锅旁总保持两个人，一个舀汤，让另一个人喝。如果舀汤的人累了，另一个人就会拿着汤勺来帮忙。这样每个人都能心平气和地吃到东西。先知对教徒说：“这就是天堂！”

每个人都有以自我为中心的意识，而这种意识也就成为体谅别人的障碍。要求那些在任何场合中，都只感觉到自己的存在，而常常忽略别人的人体谅别人的立场，简直太难了。他们以自我为中心的倾向很强烈，所以，他们要改善自己的人际关系，必须先压制这种倾向。

人们在日常生活中应仔细观察周围的人，时常在脑海中假设他人的心理与行为，不管发生任何状况，都应考虑到别人的感受。

此外，脑海中必须常有这种想法：如果我是他的话，这件事我将如何处理？这样就常可意外地体会出解决问题的方法。

假如你有这样的耐性，那么即使原本非常惹你讨厌的人，甚至是被你被列为拒绝往来的对象，也可能因你对他的了解，而改变你们之间的关系。

态度——人生的选择之一

◎ 鲍伯·哈利斯

我的妻子泰瑞，和我在 12 月买了一辆新车。即使我们可以买到机票从加州飞到休斯敦和她的家人过圣诞节，我们还是决定启用新车开到德州去。我们打包上车，和祖母度过一个愉快的星期。

我们过得很愉快，在祖母家留到最后一刻钟才肯走。回程时我们必须赶路回家，所以我们不眠不休地赶路——一个人开车，一个人睡觉。经过一场几个小时的大雨后，我们在深夜抵达家门。我们累极了，只想洗个热水澡，睡在柔软的床上。我感觉不管我们再怎么累，当晚也该把东西从车上卸下来，但泰瑞只想赶快洗澡睡觉，所以我们决定，早上再说。

早上 7 点，我们起床梳洗后决定把东西卸下车。当我们打开前门时，我们的停车道上却看不到车子！泰瑞和我面面相觑，看看停车道，又彼此对视，又回头看停车道，又彼此对视。然后泰瑞问我一个妙透了的问题：“喂，你把车停在哪里？”

我笑着回答：“就在停车道上。”我们很肯定车停的地方，但我们却还往外走，希望看到车子奇迹似地自己停到停车道外，在街边停下，但没有。

怅然若失的我们打电话叫警察来做了笔录好启动我们的高科技追踪系统。又为安全计，我们也打电话给追踪系统公司。他们保证他们有 98%的概率在两个小时内找回失车。两小时内，我一直打电话问：“我的车在哪里？”“我们还没找到，哈利斯先生，但在 4 小时内还是有 94%的机会。”

又过了两个小时，我又打电话问：“我的车呢？”

他们再次回复：“我们还没找到，不过 8 小时内还是有90%的寻获率。”

那时我告诉他们：“你们的这些概率在我概率微渺时对我而言毫无意义，所以请在你们找到它时打电话给我。”

那天稍晚，电视广告上一个汽车制造商问：“你难道不喜欢在你的停车道停着这样一辆车子吗？”

我回答：“是的！昨天我就做了这件事。”

一天杳无音讯使泰瑞渐渐变得更加烦恼，尤其当她不断想起车子里放了多少东西时——我们的结婚相簿、绝版的上一代家庭照片、衣服、所有的照相器材、我的皮夹和支票本，只有几张签上了名字。没有这些东西我们还是活得下去，但它们在那时似乎很重要。

充满焦虑与挫折感的泰瑞问我："我们的新车和东西都丢掉了，你怎么还能开玩笑？"

我看着她，说："亲爱的，我们可以因丢了车而烦恼，也可以因丢了车而快乐。总而言之，我们的车被偷了。我真地相信我们可以选择态度和心情，现在我选择让自己快乐。"

5天后，我们的车找回来了，不过车上的东西无影无踪，车子的损坏也超过3000美元。我把它送修，并因为听到他们会在一周内把它修好而感到高兴。

这一周结束时，我甩掉了租来的车，把我们的车开回家，感到十分兴奋，且松了口气。不幸的，这样的感觉很短暂。回家的路上，我在我们公路出口的交通道上撞上另一部车。我没有损害到别人的车，但却折损了我们的车——另一笔3000美元的损失；还有一笔保险理赔等着我。我把车子开进我们的车道，但当我企图出去观察损失情况时，左边的前轮胎漏了气。

当我站在车道上看着车，自己打自己，责怪自己撞了别人的车时，泰瑞到家了。她走向我，看了车，又看着我。她看我自己打自己，就用双臂抱着我，说："亲爱的，我们可以因有一部撞坏的车而烦恼，也可以因有一部撞坏了的车而快乐。总之，我们有一部撞坏了的车，所以我们选择快乐吧。"

我打心里笑出声来宣布双手赞成，一起享受了美妙的晚上。

牛仔的故事

◎ 赖瑞·温吉特

当我创办我的电讯公司时，我知道我需要推销员来帮我拓展业务。我张贴了告示，希望找到合格的推销员，并开始与招募人员会晤。我理想中的推销员要从事电讯工业有关的工作、明了地方性市场，并对操作不同类型的系统有相当经验，敬业且积极主动。我几乎没有时间来训练人，所以我雇请的推销员必须马上进入角色。

在招募未来人员令人疲惫的过程中，有个牛仔走进我的办公室。我从他的穿着知道他是个牛仔。他穿着横条花布的裤子和很不相称的横条花布的夹克，一件短袖的按扣衬衫，胸前的领带结比我的拳头还大，牛仔靴、棒球帽。你可以想象我在想什么：“在我的新公司他可不是我心目中的职员。”他坐在我的桌子前面，脱下帽子，说：“先生，我‘金’地希望能够在电讯‘死’业中成功。”他的发音实在糟透了。

我企图找出一种委婉的方式，告诉这家伙他完全不是我心目中的职员。我问他背景如何。他说他有俄克拉荷马州州立大学的农业学位，过去几年暑假他都在俄克拉荷马的巴特斯村农场工作。他宣称这一切都已告一段落，现在他想在“死”业上得到成功，他“金”地希望能有机会。

我们继续往下聊。他相当注重“成功”并希望能有机会，所以我就决定给他一个机会。我说我会和他在一起两天。两天内我会教他他想卖出某种小型电话系统该知道的一切。两天后他就得自己来。他问我，我认为他可以赚多少钱。

我告诉他：“看你的长相和你目前所知道的来看，你最多一个月可以赚到1000美元。”我继续向他解释，每组小型电话系统的佣金是250元。如果他每个月拜访100个潜在客户，他大约就可以卖出4组小型电话系统。卖4台，他可以赚1000美元。我立即雇用了他当无固定薪的推销员。

他说这听来很不错，因为当农场雇员每个月只有400元，他已经准备好要赚这笔钱了。第二天早上，我尽可能填鸭似地把电话“死”业所需的知识告诉这个22岁、没有做生意经验、不知电讯为何物、也没有销售经验的牛仔。他一点也不像是电讯事业的专业售货员，也不具备任何我理想雇员的条件，除了他百分之百地冀望着成功。

两天训练结束后，牛仔 (我一直这样叫他) 走进他的小办公室。他在一张纸上写下了4个提示：

一、我要做个成功的生意人。

二、我每个月要拜访100个人。

三、我每个月要卖4组电话系统。

四、我每个月要赚1000元。

他把这张纸贴在小办公室座位前面的墙上，开始工作了。

第一个月结束，他并不只卖4组电话系统。在他当推销员的前10天，他就卖出7台电话系统。

第一年，他赚的并不是12000元佣金。他的佣金竟超过6万元。

我非常惊讶。有一天，他走进我的办公室，拿着一张契约和一笔电话系统的款项。我问他这一组是怎么卖出去的。他说："我只告诉她，女士，即使它只会响，让你来接电话，这家伙也比你用的那个漂亮多了。于是她就买了。"

这个女人签了一张金额付款的支票给他，但牛仔并不确定我收不收支票，所以他载她到银行让她领现金付款。他把总共1000的纸钞拿进我的办公室，问："赖瑞，我做得好吗？"我向他保证，他做得棒极了！

3年后，他拥有我公司的一半股权。在另一年年底，他又拥有了其他3家公司。那时我们是彼此的事业伙伴。他开着一辆32000元的人货两用车。他穿着值600元的牛仔式套装、500元的靴子以及一只3克拉的马蹄形钻戒。他的"死"业已经很成功了。

牛仔怎么成功的？因为他努力工作吗？这确有帮助。他比别人聪明吗？没有。在刚开始时他对电讯事业一无所知。那是什么呢？我相信是因为他“想要成功”——

他对成功十分关注。我知道那是他所要的，他就去追求。

他负责任。他对他的处境、他自己的过去（农场雇员）负责任，然后他以行动使之截然不同。

他有决心离开俄克拉荷马的巴特斯村农场，寻找成功的机会。

他愿意改变。再做同样的事他不会得到不一样的结果。他想做应做的事使自己成功。

他有见识与目标。他看待自己像个会成功的人。他把目标分门别类写下来。他写下4个要完成的目标并把它贴在自己前头的墙上。他每天都看得到，而且聚精会神地执行。

他执行目标，并坚持不懈，这对他而言并不是一直很容易。他也经历过挫折。他比任何推销员吃了更多次闭门羹，被挂过更多次电话，但他绝不因此停下脚步，他继续往前走。

他要求。他确实很会要求！首先他要求我给他机会，然后他要求每个人，好像他们都要向他买电话系统一样。他的要求兑现了。他常说：“猪偶尔总会捡到橡实吃。”这意味着，如果你不懈地要求，最后，人们总会答应。

他在乎，他在乎我和他的顾客。他发现他只要关心客户超过关心自己，不多久他就不必担心他自己。

最重要的是，牛仔每天都像胜利者一样地开展工作！他会敲敲前门，希望有好事发生。不管发生任何事，他相信事情都会跟他想象的一样。他不预设失败，只期待成功。我发现如果你希望成功且付诸行动，你多半就会成功。

牛仔已经赚了几百万元。他也曾变得一无所有，又再把它们赚回来。在他和我的生命中，我们都相信，一旦你知道且熟习成功的原则，它们就会一再地为你效力。

他的故事可以鼓舞你，他就是不靠任何环境、教育、技能和能力而成功的最好证明。他更证明了：我们通常忽略或认为理所当然的成功原则是必需的。这些都是你想成功的必要原则。

百炼成钢

◎ 约翰·威拿·史拉特

我从未忘记1946年的那晚，灾难及挑战降临我家。我的哥哥乔治练完足球后回家，却以华氏104度的体温崩溃。经检查，医生说是小儿麻痹。这是沙克医生时代之前的事，小儿麻痹症在韦作斯特、密苏里一带很流行，造成许多儿童及青少年死亡或残疾。

危险期过后，医生感到有责任告诉乔治真相。“孩子，我不愿告诉你，”他说，“但是小儿麻痹已造成伤残，你不得不跛脚而行，而且你的右臂将毫无用处。”乔治在上一季刚痛失冠军，但是他一直想在高中时成为摔跤冠军。

乔治几乎不能说话，他低吟：“医生……”

“是的。”医生靠近床边说，“我的孩子，什么？”

“下地狱！”乔治以坚决的语气说。

第二天护士走进房间时，发现他脸朝地板躺在地面上。

“怎么回事?”震惊的护士问。

“我正在走路。”乔治冷静地回答。他拒绝使用任何铁制支撑或拐杖。

有时他花费20分钟才离开椅子，但是他拒绝任何的建议或帮助。

我曾看过他用正常人举起100磅哑铃的力气去举起一个网球。

我也曾看过他走出去踏在垫子上，好比一个摔跤队队长。

但是故事并未就此打住。接着几年，在他被指派为密苏里谷学院开办第一次足球比赛的地方转播后，他因罹患白血球增多症而倒了下来。

是我的兄弟鲍布强化了乔治早已拥有的永不放弃的坚定哲学——

当密苏里谷队四分后卫完成12码球传送后，播报员说“乔治·希拉特第一次接到球”时，家人正坐在他医院的房里，感到震惊，我们全都看着床，确定乔治是否仍然在那里。后来我们才了解是怎么回事。鲍布，也在起跑线上，他穿了乔治的球衣，所以乔治可以一整个下午听到他自己接获6个传球，又做了无数次的抱住、扭倒。

他为了克服单调，那天特地按照鲍布教他的照做一遍——总是有方法的。

1948 年，在他踏到生命铁钉之后，乔治注定要在医院度过后来的 3 年。1949 年，是扁桃腺炎，就在他将为费尔·哈里斯试唱之前。1950 年，是全身 40%的三度灼伤以及肺衰竭。他的命是我的兄弟亚伦在一次爆炸中，自己扑向乔治，扑灭他身上的火而救回的。亚伦自己受到严重烧伤。

但是，屡次排练过后，乔治却更坚强起来，而且更确定他自己克服障碍的能力。他曾说如果一个人只顾着看路障，那他就看不到目标了。

具备了这些精神上的天赋以及灵魂的笑声，他进入了演艺圈以及改革后的电视界，凭借创作一些节目，诸如“忍不住的笑”与“美国喜剧奖赏”等，而且以山米·戴维斯二世这一个特别角色，赢得艾美奖。

他曾被放在熔炉里慢慢锻炼，最后伴随着钢铁般的灵魂出来，用它来强化并使一个国家获得欢乐。

她发际上的花儿

◎ 贝蒂·B·杨斯

她总是在她的发际上插一枝花。多数情况下，我会感觉它看上去有些别扭。白天戴着花？去上班？去开专业会议？在我所工作的庞大而忙碌的事务所里，她其实是一位很有抱负的女性。但不知为什么，她每天都要用一种极时髦的弯曲头饰在她那齐肩的长发上佩戴一枝花。通常情况下，她是用不同颜色的花儿来同她不同款式的衣着进行搭配的，在浅黑色波浪的背景下，插上一枝盛开的花儿，像一把色彩鲜艳的小阳伞。有好几次，好像是在公司的圣诞节晚会上，她发际间的插花之处增添了少许欢乐的气息，而且看上去非常得体。但是，如果在工作时间，花儿看上去就显得有些不合时宜。有好些“事业型”的女性几乎对她的这一举止表示愤慨，并认为应有人把她带到一边去告诉她某些在商业界中需要认真对待的“条例”。包括我在内的我们中间的另外一些人，则认为这只不过是一种怪癖，并在背地里叫她“花仙”或者“女儿花”。

“‘花仙’把那份关于华尔街个案计划的初步图样完成了没有？”我们中的一个会这样问另一个，脸上带着一丝讪笑。

“当然，结果挺不错——她的工作果真‘开花”了。”也许是这样的回答，然后面带一种在与别人分享快乐之后而以恩人自居的笑容。我们认为我们的嘲讽在当时是很单纯而无害的。据我所知，没有人去问过那位年轻的女士为什么她每天都要头上戴着花儿来上班。事实上，假如在她出现时头上没有了花，我们反而可能会去问她的。

有一天，她真地这样做了。当她把一份设计方案送到我的办公室里来的时候，我问了她。“我注意到今天你的发际间没有了花，”我无意地说：“我已经习惯了每天都看到你戴着它了，以至于现在好像有一种茫然若失的感觉。”

“嗯，是的。”用一种低沉的语调，她温和地回答。这同她往日倩丽活泼的性情完全不相符。在一段沉默之后，好奇心促使我又问：“你好吗？”虽然我是期待着一个“是的，我很好”这样的答复，但在直觉上，我知道我已经在开始谈论一件比仅仅是失去了花儿要重要得多的事情。

“嗯。”她柔声说，脸上充满了一种回忆与伤心的表情。“今天是我母亲去世的周年纪念日，我很怀念她，我猜我一定是有些情绪低落。”

“我理解你。”我说，感觉到有些同情她，但同时又不想渗入更多的感情成分。“我想，你一定很不愿谈论这件事。”我继续说。我的工作责任感希望她能够就此而止，但心里明白我们的谈话才刚刚开始。

“不，一切还好，确实。我知道我今天格外敏感。这是令人伤心的一天，我想。你瞧……”她开始向我讲述她的往事。

“我的母亲知道她正在被癌症夺去生命。最后，她去世了。我当时才 15 岁。我们非常亲密。她是如此的可爱，如此的体贴别人。因为她知道自己将要不久于人世了，于是就录制了一盘生日祝词，让我每年过生日之时去观看。从我 16 岁一直到 26 岁。今天是我 25 岁的生日。早晨，我看了她为我的今天所预备的录像带。我想我依然在回味着它，我希望她还活着。”

“唉，我很同情你。”我说，感觉自己的情绪也受了她的感染。

“谢谢你的好意，”她说：“噢，你刚才问到了那失去的花儿。当我还是个小姑娘的时候，我的母亲就经常在自己的发间插一枝花儿。在她住院之后，我有一天从她的花园里给她带去了一枝漂亮的大玫瑰。我拿着花把它放在母亲的鼻子上，好让她可以闻到它。她把花儿接了过去，一句话也没有说。然后，拉我到她的身边，抚摩着我的头发。花儿从我的脸旁掠过，她把它插入到我的发际。如同当我年幼时她自己曾做过的那样。正是在那一天的晚些时间，她去世了。”她继续往下说，已是热泪盈眶。“从此以后，我就总是在发间戴着一枝花——它使我感觉母亲还依旧陪在我的身边，就算是灵魂，但……”她叹了一口气，“今天，当我看那为我的这个生日所制作的电视录像时，她在其中说她很抱歉不能在我长大之后陪在我身边，她希望自己曾是一个好家长，她希望在我生活可以自给自足时能给她一个标志。这就是我母亲所想的——她所说的。”她注视着我，依然沉浸在记忆之中，竟天真地笑了。“她是如此的精明。”

我点了点头，赞同着：“是的，听起来她是很精明。”

“这样，我就想，一个标志，那能是什么呢？看起来花儿不得不离开我了。但我会想念它的，它能象征什么呢？”

她继续往下说，红褐色的眼睛里充满了对往日的回忆。“曾拥有她我是多么的幸运。”她的声音逐渐变小了。她的目光同我的目光再次相遇，她凄婉地笑了一下。“但我不是一定要带着花儿才能回想起往事，我的确也懂得这个。它是我的珍贵记忆里的一个明显的标志。这些记忆依旧会在脑海里，即使花儿已不存在了……但仍然，我会想念它的……噢，这是那份设计图案，我希望它能得到您的赞同。”她把那个早已准备好了的整洁的文件夹递给了我，在她的名字下面，用一个手画的花儿。她的商业标记，作了记号。

当我年轻时，我记得听到过这样的一段话，“不要对别人妄下断语，直到你已在他的鞋内走过了一里路之后。”我思考着过去每一次对这位头上戴着花儿的年轻的女士非常冷淡时候时的情景，以及我自己在缺乏信息，不知道这位年轻女士的命运和所背负的十字架的情况下，竟那样做了该是怎样的悲哀。我自诩自己懂得我们公司里的每一个复杂的平面，而且精确地知道每一个环节是怎样地在对下面的环节起作用。我该是怎样的悲哀呀，过去还曾信奉了这样一种观点，那就是一个人的情感同他的事业应该是截然分开的，并且应该在走入集体生活的大门时把它们抛开。直到那天，我才懂得了那位年轻女士插入发间的花儿是她的爱的感情流露——一条对她来说能够把她同她年少时便已去世的母亲联系在一起的途径。

我翻阅了一遍她所完成的设计图样，深切地感到它是为了感觉……关于人而被一个具有相当深度和广度的人处理过的。难怪她的工作一贯优秀。她每日生活在自己的内心世界当中，并使我重新去检省自身。